参展单位

（按拼音字母排序）

北方工业大学
北京建筑工程学院
东北大学
东南大学
广州美术学院
海南师范大学
合肥工业大学
湖北美术学院
华南农业大学
江南大学
鲁迅美术学院
南开大学
清华大学
山东工艺美术学院
上海大学
深圳大学
沈阳大学
四川美术学院
苏州大学
天津城建学院
天津大学
天津理工大学
天津美术学院
天津商业大学宝德学院
同济大学
西安美术学院
浙江科技学院
浙江理工大学
中国美术学院
中央美术学院

第六届全国高等美术院校建筑与环境艺术设计专业教学年会

CHARACTERISTIC COURSE RECORD

The Sixth Annual Convention of the Architectural & Environmental Art Design Teaching in National Fine Arts Colleges

特色课程 实录

● 室内设计课程 ● 设计基础课程

下

彭军 主编

中国建筑工业出版社

图书在版编目（CIP）数据

第六届全国高等美术院校建筑与环境艺术设计专业教学年会特色课程实录（下）　室内设计课程，设计基础课程/彭军主编.—北京：中国建筑工业出版社，2009
ISBN 978-7-112-11412-2

Ⅰ.第… Ⅱ.彭… Ⅲ.室内设计-课程设计-高等学校 Ⅳ.TU41

中国版本图书馆CIP数据核字（2009）第181748号

责任编辑：唐　旭　吴　绫
封面设计：鲁　睿　杨紫瑞
版式设计：刘　斐　陈海燕
责任校对：梁珊珊　关　健

第六届全国高等美术院校建筑与环境艺术设计专业教学年会特色课程实录（下）
·室内设计课程　设计基础课程·
彭军　主编

*

中国建筑工业出版社出版、发行（北京西郊百万庄）
各地新华书店、建筑书店经销
北京圣彩虹制版印刷技术有限公司制版
北京方嘉彩色印刷有限责任公司印刷

*

开本：889×1194毫米　1/20　印张：$9\frac{3}{5}$　字数：300千字
2009年10月第一版　2009年10月第一次印刷
定价：60.00元
ISBN 978-7-112-11412-2
（18669）

版权所有　翻印必究
如有印装质量问题，可寄本社退换
（邮政编码 100037）

建筑与环境艺术专业特色课程交流展主办单位
中央美术学院
中国建筑工业出版社
天津美术学院

建筑与环境艺术专业特色课程交流展主办单位
天津美术学院

编委会荣誉主任：姜陆
荣誉副主任：于世宏　李炳训

主编：彭军
编委会主任：张惠珍　吕品晶
编委：马克辛　王海松　吕品晶　苏　丹　吴　昊
　　　吴晓淇　李东禧　张惠珍　赵　健　唐　旭
　　　　　　黄　耘　彭　军　詹旭军
（编委按姓氏笔画排序）

前言 PREFACE

2004年秋，中央美术学院与中国建筑工业出版社倡导举办了"第一届全国高等美术院建筑与环境艺术专业教学研讨会"。几年来，全国十大美院以及部分建筑类院校、综合大学的建筑、艺术类院系以此为平台相互交流专业教学经验、观摩特色专业课程，为提高专业教学水平，出版高水平的专业教材作出了实实在在的贡献，在国内的专业教学领域内产生了强烈的反响。至2008年，该活动在西安美术学院举办的会议上正式更名为"全国高等美术院校建筑与环境艺术设计专业教学年会"。

2009年由天津美术学院举办第六届"全国高等美术院校建筑与环境艺术设计专业教学年会"。本届年会的会议主题为"专业设计教学的开放与发展"。同时举办主题展——"第六届全国高等美术院校建筑与环境艺术设计专业教学年会特色课程交流展"、"第六届全国高等美术院校建筑与环境艺术设计专业教学年会学生手绘设计表现图作品展"、"建筑与环境艺术设计专业毕业设计合作课程实验教学成果展"。旨在前五届基础上对美术院校建筑以及环境艺术专业教学展开深层次的研讨和教学成果的交流，并进一步推进教材的深入编写工作。

天津美术学院设计艺术学院环境艺术设计系作为此次年会的承办单位，策划出版了《第六届全国高等美术院校建筑与环境艺术设计专业教学年会特色课程实录》及《第六届全国高等院校建筑与环境艺术设计专业优秀表现图作品集》。特别是《特色课程实录》是对国内高校建筑与环境艺术专业近几年来的专业课程教学的集中展示，也是建筑、环境艺术设计专业领域教学交流上的一个创举。这不仅是总结、交流教学成果与学术研讨的契机，也是21世纪设计艺术教育界的一次亲和对话，为教师及学生提供了有益的教学研究以及专业学习的参考资料。

兵法有云："谋定而后断"。一个好的课程计划会使专业教学的实施有一个科学的、有的放矢的切入点，使学生的学习变得事半功倍。在本书中，大量的教学范例和授课经验被很好地纳入了课程设计之中。本《特色课程实录》邀请了国内具有代表性的30所高校的建筑、环境艺术的教学单位参加，汇集了百余位教授、专家和青年教师的建筑设计、景观设计、室内设计、专业基础四类专业课程方向的60余门富有特色优秀课程介绍。教师们将各具特色的教学大纲、教学创意阐述、优秀作业及分析等呕心沥血的学术成果贡献出来与大家分享，共同搭建了一个建筑与环境艺术设计专业相互学习、交流的平台。其共同努力，为提高中国的专业教学水平的无私奉献精神令人感动。也让我们深刻地感受到各兄弟院校对此次教学年会的所给予的鼎力支持。

研读这些优秀的特色课程实录，可以真切的体会到教师们在日常的教学中严谨、认真的治学的态度和风格迥异的教学方法。在每个课程介绍的字里行间中都凝聚着园丁们辛勤耕耘的汗水、不懈的探索与执着的追求。各校教师在课堂上践行梦想，力求在课程设计、教学手段和授课内容等方面寻求新的突破。

例如西安美术学院建筑环境艺术系的两门实验性课程，邀请了法国巴黎高等装饰艺术学院室内建筑系主任、教授Sylvestre Monnier（莫尼艾）讲授的"限制中的自由——生活空间进行时……"和Doninipu Thinot（多米尼克·提诺）开设的"走进石头的空间"课程，两位教授都有着鲜明的特点和个性，同时又有着西方文明传统的共同印记。他们富有灵动的创意而又不乏理性，或关注历史文脉的传承，或直面现代文明的律动……他们的思维模式和教学方法都在其课程教学和学生设计作品中得以鲜活的呈现和充分的传达。

再如，广州美术学院设计学院建筑与环境艺术设计系"毕业设计——三校联合毕业设计营"的实验课程，采取与中央美术学院上海大学美术学院三校共同合作的方式完成了毕业设计实验教学，相的选题同由来自不同学校的同学共同参与。各校以此为基础，基于各自的项目设计和设计要求，对用地和空间进行规划，考虑不同的专业方向，对课题进行再解读，提出最终的设计目标。该毕业设计课程拓展了现有的建筑与环境艺术设计专业界限，探讨规划、建筑和室内空间一体化设计的可能，构筑设计理论与设计实践的桥梁，实践适应网络时代、信息社会的全新教学方法，探索激励学生创作激情的操作途径，并集全各界的资源和力量，通过院校与社会间的互动，产生全新的产、学、研结合的教学模式。

东南大学""竹"——活动建筑装置设计"的课程设计颇具创意：通过对竹材特性的认识、考察，以概念为线索进行空间设计，在设计过程中穿插节点加工制作和作品搭建的操作环节，使学生在劳作的过程中完成了理论与实践、实践与实施的互动全过程，可以想见学生们所感悟到的学习心得是令人难以忘却的。

本套《特色课程实录》共收录了66门课程，有的课程虽是同一门或同一类课程，但是其课程设计、授课内容、方式手段不尽相同，各具特色、充分体现了一种"和而不同、重在创新"的理念，将其一并选录可以相互启迪、兼收并蓄，从而完善自己。

《全国高等美术院校建筑与环境艺术设计专业教学年会特色课程实录》集中展示和集结出版在国内的专业教学领域尚属首次，这完全是兄弟院校通力合作的成果。特别感谢中国建筑工业出版社以及全国高等美术院校建筑与环境艺术设计专业教学年会组委会编委们的辛勤工作；诚挚地感谢兄弟院校的专业负责人的鼎力支持和任课教师们的积极参与。

本套书分上、下两册：上册收录的是建筑设计课程实录与景观设计课程实录；下册收录的是室内设计课程实录与设计基础课程实录。

天津美术学院设计艺术学院　副院长
环境艺术设计系　主任　教授
2009年10月

目录 | CONTENTS

PART 3 → 室内设计课程 | Interior Design Course

10 →	室内设计	天津大学
14 →	室内设计	海南师范大学
18 →	室内设计原理	山东工艺美术学院
24 →	室内设计原理	华南农业大学
28 →	室内设计系列课程	南开大学
36 →	室内设计专业核心课	天津城建学院
42 →	空间设计——系列空间设计与模型制作	江南大学
46 →	公共空间设计	天津美术学院
52 →	室内空间设计	天津商业大学宝德学院
58 →	公共空间设计	北方工业大学
62 →	室内陈设	湖北美术学院
66 →	室内陈设设计	深圳大学艺术设计学院
70 →	家具设计	四川美术学院
74 →	家具设计	东北大学
80 →	家具设计	中国美术学院
86 →	中国传统室内设计	天津美术学院
90 →	餐饮空间室内设计	中央美术学院
95 →	中小型商业空间研究	中央美术学院
100 →	专卖店设计	中央美术学院
106 →	办公建筑室内设计	中国美术学院
110 →	室内装饰材料材质设计	中央美术学院
116 →	室内设计材料与构造	华南农业大学

目录 | CONTENTS

PART 04 → 设计基础课程 | Design Foundation Course

122 →	走进石头的空间——"艺术与建筑"实验性课程系列	西安美术学院
128 →	专业构成设计	合肥工业大学
132 →	色彩构成	鲁迅美术学院
136 →	苹果	中央美术学院
140 →	设计基础三（形态研究）	苏州大学
144 →	建筑空间设计与理解 ——"建筑模型设计与制作"	南开大学
148 →	计算机辅助设计	天津美术学院
154 →	设计表达	清华大学美术学院
162 →	设计表现	湖北美术学院
166 →	钢笔建筑速写	中国美术学院
171 →	设计快速表现	中国美术学院
176 →	专业表现技法	天津理工大学
180 →	专业制图与透视	沈阳建筑大学
184 →	设计初步2——制图与表现	中央美术学院

特色课程实录 | CHARACTERISTIC COURSE RECORD

NATIONAL UNIVERSITIES AND COLLEGES OF ARCHITECTURE AND ENVIRONMENTAL ART DESIGN

2004-2009 CHARACTERISTIC COURSE RECORD
特色课程实录

室内设计课程 | Interior Design Course

课程名称：**室内设计**

主讲教师：**陈学文**
男，出生于1959年，天津大学建筑学院艺术设计系副主任、教授。
1986年毕业于天津美术学院环境艺术设计系，中国建筑学会室内设计分会高级设计师。
邱景亮
男，出生于1962年，天津大学建筑学院艺术设计系副教授。
1989年毕业于天津美术学院环境艺术设计系，中国建筑学会室内设计分会会员。

一、课程大纲

（一）课程的性质、目的及任务

必修课、专业课。本课题的拟定，意在加强学生对课题中的空间关系、人物关系、环境关系的理解、分析和表达的准确，力图改变设计只停留在一般的图面上训练的现象，克服盲目追求"前卫"、"个性"、"与众不同的设计"，注重人与空间的关系，把"以人为本"的原则贯穿在构思的全过程。

（二）教学基本要求

遵循循序渐进的原则，每个课题突出提出一个问题作为重点训练加以解决，让学生在课题训练过程中逐步理解掌握相关学科的基本知识，探索设计的基本规律，成功地完成具体的设计任务。

（三）教学内容

1. 住宅空间——小住宅室内设计

项目内容：小别墅室内设计（可设计为跃层、错层空间）。框架结构单元住宅（80~150平方米），房高2.8米，柱网、厨房、卫生间、阳台位置确定，其他空间区域可分隔。

要求：根据一户家庭生活中不同的功能（包括起居、会客、就餐、学习、娱乐、洗浴等），分隔不同的区域，强调"舒适"，营造良好的家庭生活氛围。整体风格要统一，在设计中能体现出主人所具有的某种生活态度。

2. 旧建筑改造——旧厂房改造为餐厅卖场设计

项目内容：将旧厂房改造为风味餐厅与主题性餐厅，将旧厂房改造为快餐店与休闲娱乐餐馆（可附设咖啡厅、酒吧、茶室等）。

要求：根据自拟坐落地点及环境情况确定饭店的类型、档次；做室外立面及环境部局的统一设计（包括绿化、小品、招牌及停车位设计）。

3. 小型专卖店室内外设计

项目内容：自选一小型店铺，面积500平方米左右，建筑为一、二层结构（可以做不破坏原结构的改造），进行实地测量、拍照（可由教师协助、将照片编入完成的作品图画中），将其设计为一个小型专卖店。

要求：学生结合实地情况，从不同角度设身处地地调查，通过调查、分析、综合评价，确定经营目标，室内布局合理有创意，室外设计既有特点又符合所处环境的条件。对店铺的室内外及店面入口、招牌、橱窗展示等作统一的设计。

4. 娱乐空间设计

项目内容：中小型俱乐部。具体风格不限，设计内容有接待区、餐饮、酒吧、图书室（休息室）、歌舞厅（含雅间）、健身房（含洗浴）。

要求：平面布局合理，方便使用。强调舒适、休闲轻松的感觉。可自拟经营形式。例如：主题性俱乐部、普通娱乐场所。

充分考虑进入这个空间的人们的行为和情感。注重色彩及材料的使用搭配，及灯光照明的运用对气氛的影响。在设计中要注重各功能分区的过渡与联系。室内空间的营造轻松活泼，既要保持室内整体的统一性，又突出各功能分区的风格特点。注意解决好色彩、自然采光与人造灯光、隔声的处理。对顶棚、灯具、地面颜色、材质、拼花做具体设计，对固定家具及设施做细部处理（详图及节点）。充分考虑无障碍设计。

要求：平面布局合理，方便使用。强调舒适、休闲轻松的感觉。可自拟经营形式。例如：主题性俱乐部、普通娱乐场所。充分考虑进入这个空间的人们的行为和情感。注重色彩及材料的使用搭配，及灯光照明的运用对气氛的影响。

5. 公共空间设计

项目内容：小型会展中心

要求：将建筑与使用功能及使用者的关系密切地联系起来，使环境、建筑、室内三者有机地结合在一起。主题明确，风格特点显著。注重体现展示区组成要素——参观者和展品共同存在的空间。在设计中要注重各功能分区的过渡与联系。室内空间的营造轻松活泼，既要保持室内整体的统一性，又突出各功能分区的风格特点。注意解决好色彩、自然采光与人造灯光、隔声的处理。对顶棚、灯具、地面颜色、材质、拼花作具体设计。

6. 办公空间设计

项目内容：小型办公空间室内环境设计。主要区域为：接待区域、会议室、会客室、总经理室、开敞式办公间及咖啡休息区（非正式会客区）。

要求：可自拟某行业的办公空间，创作不受风格限制，空间布局合理，功能齐全，照明和采光适宜，家具形式尺度得体，色彩搭配和谐、每个区域都能适应使用者的需要，反映公司的形象，营造一个美观愉悦的办公环境。

7. 酒店空间设计

项目内容：中型酒店室内环境设计。内容：大堂、中庭、酒吧、咖啡厅、走廊。

要求：针对不同的空间特性，设计中应考虑一定的构思主题，围绕这一主题，从空间到形式、材料、色彩、灯光，及细部处理、家具与陈设配置、环境小品等形成创造室内环境气氛的基本语言，使主题充分展现。注重室内空间流线设计与组织、不同视点的空间景致与变化。同时注意各功能分区间的过渡与联系，保持室内设计整体统一性。饭店设计类型、形式、风格不限（如商务旅游酒店、度假旅游酒店、传统、现代酒店等）。

8. 毕业设计

项目内容：大中型公共空间室内设计。

要求独立完成，达到施工图设计的深度。

（四）学时分配

1. 住宅空间——小住宅室内设计　学时6周
2. 旧建筑改造——旧厂房改造为餐厅卖场设计　学时6周
3. 小型专卖店室内外设计　学时4周　　　　4. 娱乐空间设计　学时6周
5. 公共空间设计　学时8周　　　　　　　　6. 办公空间设计　学时6周
7. 酒店空间设计　学时8周　　　　　　　　8. 毕业设计　学时10周

（五）考核标准

1. 创意新颖、匠心独具。
2. 符合室内设计规范。
3. 图纸标准、表达明确。

二、课程阐述

室内艺术设计在课程设置方面包含了住宅空间、旧建筑改造、餐厅设计、卖场设计、小型专卖店室内设计、娱乐空间设计、公共空间设计、办公空间设计、酒店空间设计等不同的课程内容。其目的在于让学生对不同类型空间的设计方法、原则、程序以及内容有所了解。在教学方法上，采用"务虚"与"务实"（即假题真做和真题真做）相结合的方式。不同形式的课题练习不仅培养了学生的创新思维，同时也使学生在真题的设计过程中对实际的设计程序、规范和内容有一定的认识。在创新方面，坚持以广义设计理念为指导，使学生充分了解室内艺术设计与相关学科的交融性与互渗性，并认识到室内设计是场所精神和场所属性的体现。

三、课程作业

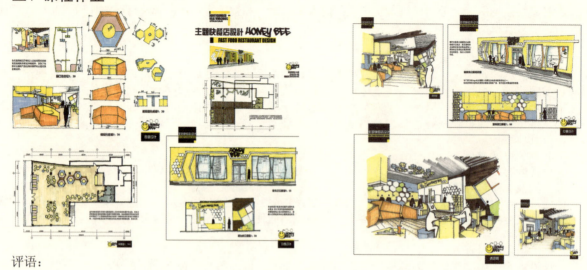

评语：

　　该快餐店设计匠心独具，不落俗套，其平面布局简洁合理。在空间格局创造方面采用"蜂巢"作为造型语言，通过大小尺度不同的装饰和家具，给人温馨祥和之感。在室内色彩方面以黄色调为主，辅以淡蓝色点缀，使整个空间明朗爽快，室内氛围清新宜人。在表达上构图完整，手法娴熟，用线流畅，层次准确，但有些比例关系不够准确。

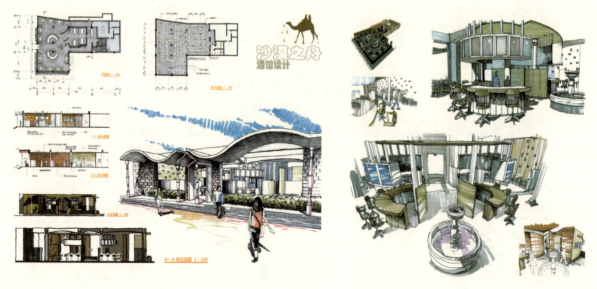

评语：

　　该设计的灵感来源于干旱的沙漠，将当地风貌用于室内。墙面选用大量砂质黏土砖装饰，用来烘托气氛。外檐设计也很有特色，语言明确，内外统一。平立面图表达准确，层次清楚，透视图选的角度恰当。画法熟练，取舍有度，主次分明，达到了快速表现的要求。

评语：

　　本设计根据功能需求进行了合理的空间划分，空间大小适宜，功能特征反映准确。在空间构成界面处理上颇下工夫，注意细节的处理，尺度掌握得体，能够将家具设置在统一整体环境中，反映了对设计完整性的追求。表达上构图完整，意图表达清晰详细。图面细节刻画和色彩运用具有一定表现力，整体色调控制较好，但存在家具与空间比例不准确问题。

评语：

　　将楼梯设在一层中间，既便于上下，又起到分隔空间的作用。厨房与就餐合二为一，起到节省空间的作用，整体效果简洁大方，流线明确。表达上效果图画法流畅，透视准确，有一定表现力。平立面图基本思路清晰，但细节有待完整，如门的表示不清，楼梯画法错误。

课程名称：**室内设计**

主讲教师：**张 引**
男，1980年生于长春，海南师范大学美术学院环境艺术设计教研室主任，讲师
1999年至2003年就读于吉林艺术学院，获学士学位，2005年至2008年就读于苏州大学，获硕士学位。2003年至今在海南师范大学美术学院艺术设计系任教。

王 沫
女，1979年生于吉林，海南师范大学美术学院环境艺术设计教研室，讲师
1999年至2003年就读于吉林艺术学院，获学士学位，2006年至2009年就读于苏州大学，获硕士学位。2003年至今在海南师范大学美术学院艺术设计系任教。

凌秋月
女，1980年生于沈阳，海南师范大学美术学院环境艺术设计教研室教师
2001年至2005年就读于鲁迅美术学院，获学士学位。
2005年至今在海南师范大学美术学院艺术设计系任教。

一、课程大纲

（一）课程的目的与要求

学会理论联系实际，利用设计方法应对各种不同环境下的室内设计项目，如具有明显地域风格的室内空间环境，并充分利用现有环境提升、捕捉室内风格特点明确的设计关键要素，合理支配资源。

（二）本课程要求学生掌握并了解以下内容

通过室内设计教学，使学生具备对原始状态下合理划分、装饰功能空间的能力，鼓励学生从不同角度、不同功能、不同材质等多视角设计分析空间，善于转化地域风格元素为装饰细节，合理规划布局，综合考虑生理、心理、精神、技术、物质等重要因素，使有限的物质条件发挥最大的使用功效。

（三）本课程在外调研方面的要求

通过实地调研具有明显地域风格的室内环境空间，掌握此类室内空间的基本特征、设计要点以及细节设计中材料的使用和相关制作工艺。调研成果制作成电子文件，在课程中进行演示及讲解沟通。

（四）课程计划安排

教学内容	学时分配
第一章 室内环境的特征、设计的目标、范围	4
第二章 室内设计的内容分类和职业范围划分	6
第三章 室内设计的原则、设计观念	6
第四章 室内环境设计的形式美法则、功能与形式、设计措施	4
合　　计	20

（理论课部分学时：20学时）

（五）课程作业要求

作业之一：室内空间设计调研（如具有明显地域风格的室内空间或地域元素突出的酒店）
要求：1. 调研：实地调研与本次课程直接相关的项目，为设计准备充足的素材。
2. 调研报告以演示电子文稿形式呈现，并在课堂陈述。

作业之二：室内空间设计
根据所选择的平面图，完成平面布置图、水电布置图、电位布置图、地面及顶棚材料布置图。对主要功能空间进行具体方案设计，并制作效果图，电脑或手绘均可。具体为：客厅空间、餐厅空间、主卧空间、卫生间、书房空间等，如进度提前则可完成儿童房、阳台或附属庭院的设计，同时配合主要造型立面图。

作业上交形式：
1. 展板900毫米×1200毫米，一至两块
2. 作业图册
内容包括：封面（项目名称、作者、年级、指导教师、日期）、目录、设计说明、总平面、立面、效果图等，其中效果图不少于4张。

（六）课程进度安排与考核标准

序号	项目名称	主要内容	学时分配	应达到的能力标准
1	市场调研及资料收集	市场调查	4	认识市场，有针对性地选择实训主题
2	创意构思及草图绘制	通过调研明确设计定位，进行室内设计创意构思，确定草图方案	8	掌握室内创意构思，具备草图绘制能力
3	主要空间的设计效果图制作	客厅空间、卧室空间、卫生间、餐厅空间等主要室内环境空间	16	掌握基本空间系统的设计制作方法
4	主要空间的施工图制作	客厅空间、卧室空间、卫生间、餐厅空间等主要室内环境空间	12	掌握室内空间的施工图制作方法
5	设计说明	阐述设计理念	4	文字合理阐述设计思维
	合计		44	

（实训部分学时：44学时）

本门课程采取期末考试加平时成绩的方法进行。考试采取创作室内设计方案的形式，占考核成绩的80%；平时成绩根据考勤、课堂表现及平时习作的综合情况给出，占考核成绩的20%。

考试评分标准：
1. 室内空间布局科学、合理，室内空间主题鲜明且独具个性，占40%。
2. 效果图表现效果突出，占30%。
3. 应用要素设计系统作品设计性强、具有独创性，符合应用要求，占10%。
4. 平面图、各主要空间立面图完整、准确，占15%。
5. 设计说明阐述完整准确，设计构思表述清晰，占5%。

二、课程阐述

室内空间设计特色在于：

（一）选题与调研

室内空间设计的选题，力图紧密联系当代人的生活环境及工作环境，贴近社会，例如：具有明显地域特征的室内空间或酒店空间，能够结合实际情况所做的设计，具有一定的现实意义。

根据选题，进行有针对性地调研，其中包括项目背景信息知识、特定空间的功能。例如：在作具体设计之前，学生以小组为单位对海南的特征明显的室内空间及酒店进行深入调研，对功能分布和特殊要求进行调查，学生将课题的全部资料信息加以汇总和梳理。最后以PPT演示文稿的形式在课堂上进行汇报。

（二）创意思维训练

环境艺术设计课程中，创意思维训练是很重要的环节之一。它可开拓大学生的形象思维训练，同时也可锻炼逻辑推理能力。因为室内空间设计课程不仅是形式美的体现，更重要的是空间的创意。要使空间能够给人带来实用性和装饰性，教师通过启发学生的创意，并将创意一步步完善的途径来实现。

（三）装饰风格分析

在学生设计过程中，有针对性地引导他们发现具有明显装饰特征的地域元素，并能够合理地将其转化为设计细节元素。例如，在室内空间或酒店设计中，满足不同功能空间的需要，并附加具有鲜明特征的装饰符号元素。

（四）按实际中的设计流程安排进度

根据现场调研的结果，结合客户实际需要，指定行业规范内的设计操作流程由草图绘制、现场沟通、局部细化、综合提案、后期修改和反馈等环节构成。提倡操作环节中的灵活性，要求学生自主发挥自身特长，突出自身表现优势。

（五）解析方案及作品展示

经过按步骤的专业训练后，邀请项目单位及相关的教授、专家等作为点评委员，对学生的设计作品进行客观的解析。学生陈述要求准备完整的PPT演示文稿，在详细地阐述方案同时，随时接受专家的提问并进行解答。最后由评委进行综合评价。

总之，高标准，严要求，一切从客观实际需要出发的室内空间设计，为大学生的专业素质的提高打下了坚实的基础。

三、课程作业

评语：
　　该学生的作品充分体现了海南地域装饰风格特征的鲜明要素，从外观建筑设计到室内空间装饰设计都将海南少数民族的装饰特点发挥得比较到位，在表现上写实效果较强，但在室内空间的材质质感表现上略有偏差。总体上兼顾了功能性与装饰性的统一，并深入考虑了室内环境中的必要要素——家具，从另一个方面配合了整体风格的一致性。在充分实地调研的基础上，材料运用能够就地取材，使得与环境的适应性较强。

课程名称：**室内设计原理**

主讲教师：**丁宁**

男，1956年，生于山东，山东工艺美术学院建筑与景观设计学院院长、教授、硕士生导师。
1977年至1982年就读于中央戏剧学院，获文学学士学位。1985年至今在山东工艺美术学院建筑与景观设计学院任教。

李文华

男，1970年，生于山东，山东工艺美术学院建筑与景观设计学院室内教研室主任、副教授、硕士生导师。
1991年至1995年就读于山东工艺美术学院获学士学位，1995年至今在山东工艺美术学院建筑与景观设计学院任教。

黎明

男，1977年，生于山东，山东工艺美术学院建筑与景观设计学院讲师。
1997年至2002年就读于中央美术学院，获文学学士学位。2005获中央美术学院硕士学位。2005年至今在山东工艺美术学院建筑与景观设计学院任教。

一、课程大纲

（一）课程目的与要求

《室内设计原理》是室内设计专业重要的专业导入课程。本课程系统讲授室内设计的基本概念、设计原则、设计方法、设计要素等方面的原理，同时结合设计初步课题实践，掌握室内设计原理的方法，为而后的室内专题与综合设计的深入学习打下全面、坚实的理论与设计基础。

通过该课程学习，使学生明确室内设计的含义、任务、目的与设计原则，认识、理解室内设计与建筑、环境之间的关系，系统掌握室内设计的内容、分类、构成要素、设计方法以及它们之间的有机关系。能够正确运用设计方法，做出较完整的设计初步课题，为室内专题与综合设计课程奠定扎实的基础。

教学基本形式为以理论为主，设计为辅，理论指导设计的方法展开。教学以影像多媒体理论教学为主，辅以课堂讨论、初步课题设计练习的方式进行。教学过程中按教学内容的章节布置课外作业，课外作业包括设计企业调研考察、相关案例信息收集、形象素材收集与手绘、设计概念、观念思考题等。在教学过程中运用启发式、讨论式教学，对设计初步课题练习进行有针对性的辅导，使学生有效地掌握设计理论、设计方法和表达方法。

（二）教学内容与教学计划安排

1. 教学内容　理论讲授：

第一章	室内设计概述	第二章	室内设计的方法
第三章	室内空间环境设计	第四章	室内光环境设计
第五章	室内色彩环境设计	第六章	室内家具与陈设
第七章	室内景观环境	第八章	室内设计的风格与流派
第九章	住宅室内设计		

2. 教学安排

本课程为80学时，4学分。分为三个教学环节。

（1）理论讲授：系统讲授室内设计原理，并示以大量的图片范例加以阐述说明。共40学时。

（2）实践考察：结合理论讲授，对室内装饰企业进行调研考察，跟踪了解设计流程，对设计实例进行学习分析，为课程设计作好准备。课内10学时，课外时间不限。

（3）课题设计：以理论讲授为指导，在调研、考察的基础上，做出室内设计的设计方案，教师在此过程中参与设计指导。共30学时。

（三）课程作业内容
1. 作业内容：
（1）室内设计
（2）设计企业调研考察报告（该作业为自选，包括文字、图片等，字数不限。）
（3）课外作业（该作业为自选，包括素材收集、案例分析、手绘练习等。）
2. 作业要求：
（1）包括室内空间所有功能空间在内的平面设计。正确运用设计方法，把握好设计的功能要求，做到合理适用。有一定的设计形式美感。附有简要的设计说明。设计方案的表达要严谨、规范、清晰、美观，版式安排合理，在1~2张1号图纸上完成。交纸面作业及作业电子版。
（2）调研考察针对课程要求，有实质性实践收获，并附有实践图片。作业形式为A4文档形式。
（3）课外自习时间完成，能够结合课堂教学有针对性地完成素材收集、案例分析、手绘练习等内容，有效地为课堂室内设计作好准备。以A3版本形式完成。

（四）考核标准

分数	评分标准
90分以上	设计有较好的创意，设计功能符合要求，作图规范严谨，图面表达效果优秀。
80分~89分	设计有一定创意，设计功能符合要求，作图较规范严谨，图面表达效果良好。
70分~79分	设计创意一般，设计功能基本符合要求，作图较规范但不够严谨，图面表达效果一般。
69分以下	设计无创意，设计功能基本不符合要求，作图不够规范严谨，图面表达效果较差。

二、课程阐述

室内设计原理是室内设计专业的重要的奠基课程之一，从课程性质与教学内容看，它应该属于一门专业理论课程，但也不可忽略它的初步设计实践目的。因此，既要重视理论环节的讲授，又要加强课堂教学与社会实践的结合，既要重视对室内设计基本原理的掌握，又要把理论应用于课题设计，用设计理论指导设计过程，反映出两者结合的教学效果。既要求学生动脑，确立观念和意识，又要求学生动手，能够比较熟练地掌握设计表达。基于这样的考虑，所以，在教学实施中以此为主旨，对该课程教学内容与教学方法改革创新，具体的做法如下：

（一）教学内容方面
该课程教材主要选用来增祥、陆震伟所编著的《室内设计原理》（中国建筑工业出版社出版）和朱铭主编的《环境艺术设计（室内篇）》（山东美术出版社出版），理论教学容量较大，单纯的理论教学，学生会感到比较枯燥。因此我们考虑既要保证理论教学的系列性和完整性，又要拿出一定的学时来进行社会实践和设计实践。所以，我们从现有教材中按照序列，从中提取出理论的核心部分进行课堂讲授，其他理论部分由学生在课下自学，课堂安排提问、答疑和讨论。这样做的好处是，课堂教学所需的基本理论达到了贯穿性和主干性，同时又能够要求学生在课下主动地学习理论，对课堂教学进行补充和完善。将理论教学有机地安排于整个教学过程中，而不是只注重于课堂讲授，这是我们对教学内容方面的探索改革。

（二）教学方法方面
教学方法是针对教学内容和教学效果的方式选择。该课程在教学方法上的主要创新在于：
理论讲授结合设计实例——避免理论抽象带来的枯燥，将理论诉诸于直观形象之中。

课堂教学结合多样教学——课堂讲授、课题讨论、社会实践、设计初步、设计辅导等方法相互穿插结合。
　　设计方法结合设计实践——通过设计实践来掌握设计方法，是感性与理性最好的结合方式。
　　课堂作业结合自选作业——课堂作业是规定作业，结合自选作业，可以考察学生的素质，自我学习的态度和成果。
　　此外，针对目前对计算机设计软件的过分依赖，学生懒于手绘的现象，该课程作业规定不允许使用电脑作图，只允许手绘完成课程作业，以此训练学生设计思维与设计表现有机结合的能力。

三、课程作业

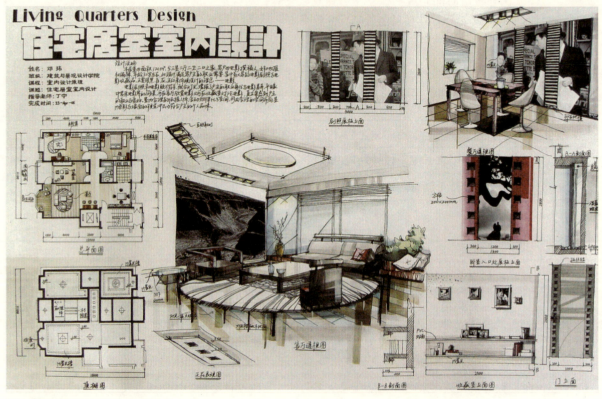

2004级景观设计专业　邓玮

评语：
　　该设计以"影像"为设计主题，融入并贯穿居室空间。该设计构思巧妙新颖，处理大气浪漫，墙面运用黑白影像的处理，给人以强烈的视觉效果。在使用功能的设计上，保证了各空间的功能和联系，平面设计合理。陈设家居也体现出与设计主题的一致性。设计表现采用手绘与图片拼贴结合手法，取得了比较理想的效果。

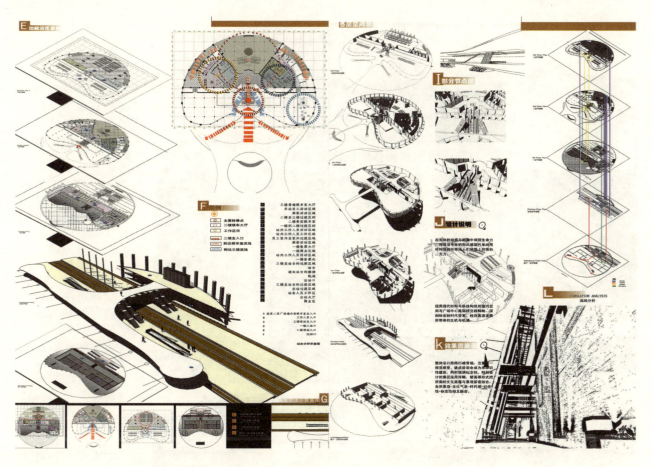

2006级室内设计专业 李丽丽 黄磊

评语：
　　该作业由两位同学组成的设计小组合作完成，作业选题取自山东省济南市火车东站旧建筑群改造实践项目，该作业理论联系实践，有较强的现实意义。这里展示的是该作业中的一小部分图纸。作业期间，该小组同学数次奔赴现场测绘出精确的建筑图纸，认真与甲方进行深入交流和探讨，分类制作调查表，针对相关游客、车站工作人员、城市相关主管部门、市民、出租车司机、车站周边商户等展开调研，调研结果汇总解析后，开始综合运用室内设计原理课所学知识进行方案设计、图纸绘制、效果图表现，这种勇于探索与实践的精神、务实求真的工作方法值得特别鼓励和推广，最终该组如期获得了大量高质量的专业图纸、宝贵经验和专家与甲方的高度赞许。
　　该作业可以反映出设计小组成员对于公共交通空间来自诸多方面的复杂设计需求的理解、权衡和取舍，体现出小组成员对于公共交通空间中室内空间的功能与风格定位较之城市文脉的关系的初步理解，体现出小组成员对于新改造室内空间与旧建筑结构的关系的基本认识，同时，小组成员对于装饰材料与施工工艺相辅相成的关系处理、室内光环境与室内空间氛围的营造、配饰家具与陈设品所必需的品物修养等问题的掌握也基本到位，真正做到学以致用，达到本课程的培养目标和专业要求，为后续课程夯实基础。

2006级室内设计专业　张广亮　张艺桦　张胜涛

评语：

　　该作业由三位同学组成的设计小组合作完成，作业选题取自山东省潍坊市坊子区德式旧建筑群改造实践项目，该作业理论联系实践，有较强的现实意义。该小组同学数次奔赴现场测绘出精确的建筑图纸，经过与投资方的深入交流和探讨后，开始综合运用课堂知识进行方案设计、图纸绘制、效果图表现，这种勇于探索与实践的精神和方法值得特别鼓励和推广。

　　该作业可以反映出设计小组三位学生对于投资方的设计需求与设计师对于设计要求的理解及设计表现欲间的权衡、室内空间的功能与风格定位、室内空间与建筑结构的关系、装饰材料与施工工艺相辅相成的关系处理、室内光环境与室内空间氛围的营造、配饰家具与陈设品所必需的品物修养等问题的掌握基本到位，真正做到学以致用，达到本课程的培养目标和专业要求，为后续课程夯实了基础。

2005级室内设计专业 商志男

评语：
　　该生作业理论联系实践，无论方案设计、草图绘制、效果图表现，还是施工现场监理、后期家具与陈设品配饰等全程均独立完成，值得特别鼓励。
　　该作业可以反映出该生对于室内空间的风格定位、空间序列的逻辑性把握、装饰材料与施工工艺相辅相成的关系处理、室内光环境的理解、配饰家具与陈设品所必需的品物修养等问题的掌握基本到位，真正做到学以致用，达到本课程的培养目标和专业要求，为后续课程夯实了基础。

课程名称：**室内设计原理**

主讲教师：**何新闻**

男，1963年生，华南农业大学艺术学院院长、教授。中国美术家协会会员，中国建筑学会室内设计分会会员，广东美术与设计教育专业委员会常务理事。

1983毕业于湖南师范大学美术学院，1992在清华大学美术学院（原中央工艺美院）学习，1987任教于长沙理工大学艺术设计学院，1997在中南大学艺术学院任教授、环艺研究生导师，2005至今在华南农业大学艺术学院任教授、院长。

一、课程大纲

（一）课程目的与要求

室内设计原理是本专业一门重要的基础理论课程，涉及多种学科知识。该课程授课48学时，理论授课与实际训练结合，改变纯理论的传统课程内容结构和授课方式，使学生在学习基础知识和基本理论的同时，充分发挥主观能动性，培养学生的创新意识和创新能力，以及提高实际应用能力。让学生了解室内设计是一个环境系统工程，涉及声学、光学、力学、材料学和环保、安全等学科知识；涉及物理环境设计，即对室内体感气候、采暖、通风、温湿调节等多方面的设计处理。

本课程一是要求学生掌握室内设计基础知识和基本理论，即对室内空间概念的理解、空间与人体工程学的关系，光色和声与空间环境的关系、材料构造与应用、人与环境空间的交互作用等；二是通过空间写生训练，培养学生对空间的敏捷感受和快速表达能力；三是空间变化训练，培养学生对空间灵动多变的表达能力和组织调整能力；四是增强学生实际应用能力的训练，根据空间特性或功能要求，采用光、色、材料等进行应用表达，实现从课堂理论知识的学习向实践应用能力的转化。

（二）课程计划、课程作业、考核标准

《室内设计原理》课程计划要科学合理，它涉及整个课程教学过程中的每一个具体教学环节、授课方式、课时分配。本课程从理论到实践，每一个教学环节通过课程作业完成质量来检验教学效果。考核标准主要考查学生对专业基础理论的掌握程度，以及创新意识和创新能力的表达。

课程计划			课程作业		考核标准（要求）
授课环节	授课方式	课时(学时)	内容	数量(幅)	
基础理论	课堂讲授	20	学习专业理论知识与相关学科知识		①充分掌握专业基础理论知识；②了解本专业知识与其他相关学科知识的渗透、融合。
空间写生练习	时间训练	12	以建筑室内空间为主体对象	60～80	①对空间敏捷的观察能力和快速的表达能力；②体现空间透视、尺度和比例关系。
空间形态训练	课堂练习	12	以某一空间单元为基本形态	10～15	对空间进行理解、分析，强调创意表达。
空间应用训练	课堂练习	12	用光色、材料等进行空间表达	2～4	强调对应用空间或功能空间的表达。

二、课程阐述

本课程包括专业基础理论和实际训练两部分,即理论教学与实践训练结合,意在改变纯理论的传统课程内容结构和授课方式。实际训练的内容又分为空间写生训练、空间形态变化训练和空间应用训练三个教学环节,主要培养学生对空间敏捷的观察能力和快速的表达能力,对空间的理解、分析和创意表达能力,以及对应用空间或功能空间的表达能力。

（一）基础理论

专业理论课程内容包括：

1. 室内设计概要（室内设计定义及发展史）。
2. 空间的基本原理,即空间概念、空间形成、空间分布与行为关系、人体工程学与空间的关系等。
3. 室内设计与其他相关学科知识的关系,如声光学与空间的关系、材料和力学与空间的关系等,以及物理环境设计,即对室内体感气候、采暖、通风、温湿调节等多方面的设计处理。

（二）实际训练

实际训练分为空间写生训练、空间形态训练和空间应用训练三个。

1. 空间写生训练,以建筑室内空间为主体对象,要求学生在较短时间内对空间形态、结构、透视、比例等进行快速表现（图1～图4）。该环节是有针对性的,即根据专业特点要求,对空间进行写生训练,以区别于造型基础中的速写。

图1

图3

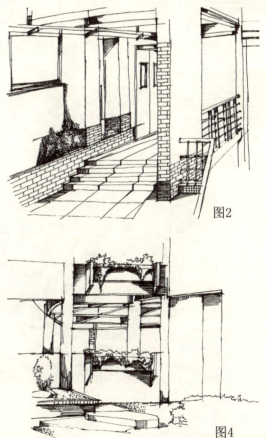

图2

图4

2. 空间形态训练，充分发挥学生的想像力及创造力，强调空间创意表达。要求对空间形态作多种变化练习（图5～图8），锻炼学生对空间的组织和调整能力，提高设计思维表达能力。

图5　空间形态变化

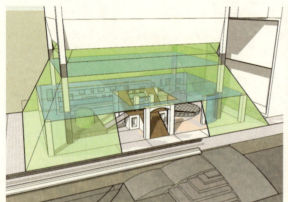 

图6　空间形态变化

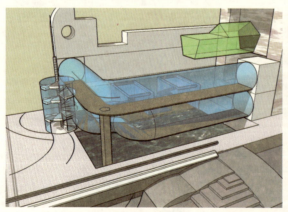 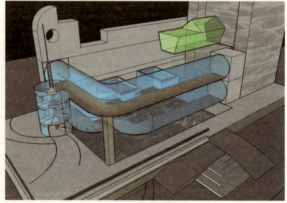

图7　空间形态变化

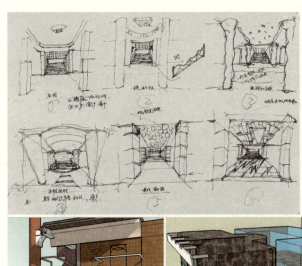

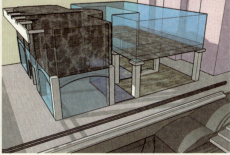

图8 空间形态变化

3. 空间应用训练，以前面两个训练环节为基础，根据光色关系或材料应用特性进行空间表达（图9、图10），为专业设计如实际课题设计奠定基础。

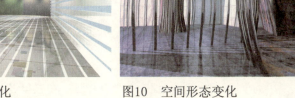

图9 空间形态变化　　　　图10 空间形态变化

课程名称：**室内设计系列课程**

薛义

男，1984年毕业于天津美术学院，南开大学文学院艺术设计系主任、系教授。教育部高等学校艺术类学科教学指导委员会委员，中国美术家协会会员，中国建筑学会室内设计分会高级室内建筑师。

一、课程大纲

（一）课程目标与要求

南开大学"室内设计"课程为系列教学模块，整体课程强调专业知识原理与实效设计规范要求紧密结合，强调设计创意思维与设计方法科学渐进式的教学与方法研究。

同时注重把深厚的文化滋养与现代审美观念贯穿教学设计的全过程，培养学生在具有强烈责任感、人文关爱以及崇高美好境界高度上，以宽广的胸怀、严谨的工作精神探索研究环境设计关系问题。强调设计草图与手绘表现设计构想及方案设计的能力，充分开拓激发学生发现美、创造美以及直抒胸襟的表现和自主学习研究的热情。要求学生以开放的思维、前瞻的观念、系统规范的设计方法和准确丰富的表现手段，完成每一教学单元的作业。

由于严格综合的教学和系统规范的图文作业要求，以及语言表述设计方案的能力培养，在南开学生参加的几届国内外相关专业竞赛中，均取得过一、二、三等奖的优异成绩，获等级奖以上的比率占送展人数的70%以上，毕业生步入工作岗位能迅速适应工作要求，出色完成设计工作，受到社会和用人单位的好评，已逐渐形成南开设计教育的特色。

（二）课程设计安排

课程设置为三个教学单元共156学时，分别在5、6、7学期中完成：室内设计3-1、室内设计3-2、室内设计3-3。各环节课程安排及作业要求如下：

第一单元：室内设计3-1
周学时：12　总学时：60　学分：1.5　　在三年级（第五学期）开设

课程的目的与要求：
掌握系统的室内设计方法，强调设计的民族性和文化特质。
室内设计3-1是学生第一次接触室内设计，通过系统的室内设计原理、设计方法的学习，要求学生了解掌握设计思维与表现的内容、过程、方法和步骤；了解室内设计与建筑的关系；明确功能与人的行为需求对室内设计的影响，使学生掌握对设计的宏观关照与细节的塑造能力、创意构思推衍与草图手绘表现整体设计方案的能力。

课程内容与考核：
课程内容以前导课建筑设计2-1"别墅建筑设计"为课题，面积在120~160平方米之间。要求学生进行前期设计调研，并完成PPT和图册的汇报演示，强调设计构思的图文推理衍进和三草构思深化设计方案的方法。整体设计方案用手绘表现完成，不少于3张1号图板和1本A3作业图册。所有作业在课程结束时完成。

考核标准：
能准确把握建筑与室内空间的特点，深化完善建筑设计，能合理规划设计功能与空间关系，主题与风格创意清晰、特点鲜明，平、立、剖面图、效果图表现规范生动，比例尺度合理准确，符合图量要求。

第二单元：室内设计3-2
周学时：12　总学时48　　学分1.5　　在三年级（第六学期）开设

课程的目的与要求：
强调实效设计规范和个性创新设计思维的融合。
室内设计3-2注重培养学生个性设计的思维，以及观察理解表现物像空间的能力。
课题是文化类商用空间的室内设计，要求学生在综合条件限定下努力拓展创新思维和解决问题的能力，进一步规范严格专业设计表现的各个环节。

课程内容与考核：
课程内容以前导课"建筑设计2-2"，或选取国内外的设计竞赛为课题，面积在800～1500平方米左右。要求学生选取主要空间，根据主题做综合的前期调研，完成较为全面的调研报告和PPT汇报，进一步强调方案的主题风格构思能力、科学规范的制图表现能力，要求手绘在不少于3张A1图板上完成整体设计。

考核标准：
能准确理解控制功能与设计诸要素之间关系，主题风格及空间布局合理有创新，设计表现规范清晰，细节标注到位，图面版式布局主题明确清晰，图量完成符合规定要求。

第三单元：室内设计3-3
周学时：12　　总学时48　　学分1.5　　在四年级（第七学期）开设

课程的目的与要求：
强调在人文关爱高度上注重创新思维与设计深度的综合提升。
本课程强调在人文关爱的高度上，采用真题形式，强调从调研分析、构思草图到方案设计、扩初图、施工图设计的综合设计，强调思维与表现能力的系统培养与完善提升，注重细节品质的深化设计。

课程内容与考核：
课程内容以实际设计项目为课题（酒店或餐饮空间），面积在800～1600平方米左右。要求学生根据选题做特定主题的整体设计系统研究、规划，注重细节与品质、特色及审美的统一，并完成相关规范生动且有个性的综合表现图、重点区域的CAD扩初图与施工图。同时完成设计文件的综合汇编制作及方案汇报的现场模拟。

考核标准：
能综合准确、创意性表现设计方案的系统内容，主题风格鲜明、设计方法科学合理，最终设计表现效果生动准确，手法多样，综合设计文件制作规范有特色。

二、课程阐述

室内设计是一门研究如何运用技术物质方法和艺术创意设计等综合因素，创造优质理想室内环境的实效性应用设计课程。室内设计随着科学、技术和审美的变化，其设计观念、表现方法也在不断改变和发展，以满足现代人多层次的功能使用与精神需求。因此以实效项目设计规范为教学出发点和最终目的，将课程理论讲解、思维训练、课程作业、成果汇报以实效设计规范相贯穿，使学生充分把握实效项目设计创新思维与科学、规范的设计过程是南开室内设计教学目的。

同时，依托南开的深厚的文化底蕴与学科优势，强调设计的民族性和文化特质，将室内设计的创新思维、文化底蕴和现代审美精神相结合，强化室内设计浓郁的文化特质与时代精神，注重严格训练学生设计作业完成程序和评估标准，并要求学生按照实际项目汇报要求分阶段进行作业汇报，使学生在有限的三个单元课时内充分把握设计的重点和实效项目设计规范、设计创新思维与科学表现手法，形成有南开文化滋养、专业设计深度的室内设计教学特色。

三、课程作业

"幽茗阁"茶文化展览馆室内设计方案二次草图　　作者：叶维善　　完成时间：2009年5月

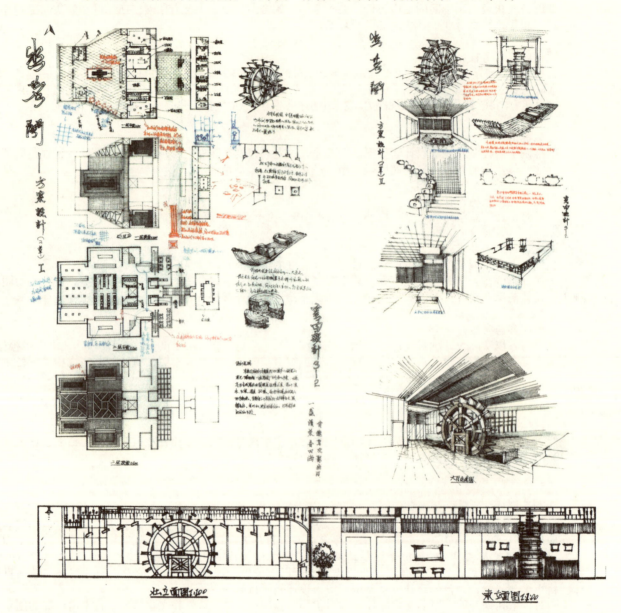

评语：
　　草图手绘表现方法是贯穿课程研究学习的重要内容与灵感创意火花，要求学生能用生动准确的手绘草图及时记录设计构想，同时三次草图方案均要求从设计的相关图到整体版面布置综合完整的推衍表达。

室内设计3-1　　作业："迪赛纳别墅"室内设计方案　　作者：张文　　完成时间：2008年11月

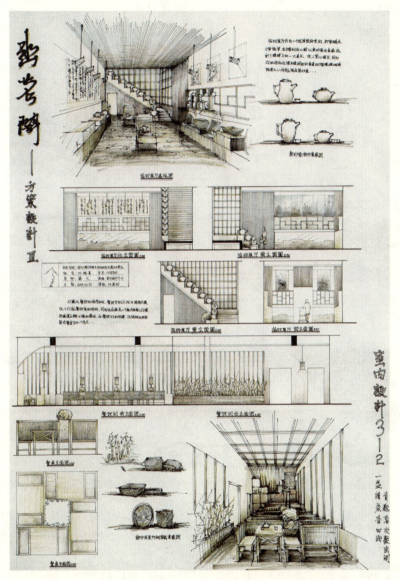

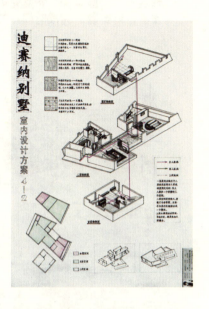

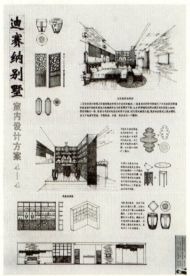

评语：
　　对于第一次接触室内设计的学生，严格有条理、有重点内容要求的教学至关重要。同时从思想高度上对设计的意义、价值等观念与实际功效作深度的启发引导更是关系学生能否学好设计的重点。
　　张义同学的作业在很好地理解、掌握设计方法的基础上，严格按要求推衍刻画每一细节、尺度与形态关系，并能回到整体关系的统一中。其具有表现力的黑白手绘图，准确生动的形态和场景描绘，以及版面布置效果均反映出在初次室内设计中对课程要求的理解与掌握程度。

室内设计3-2
作业一:"幽茗阁"茶文化展览馆室内设计方案
作者:叶维善　完成时间:2009年4月

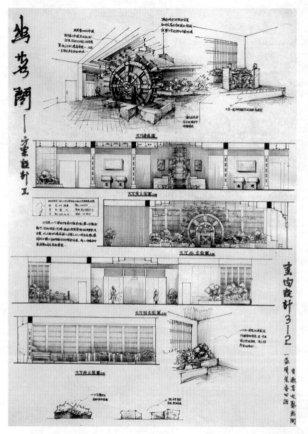 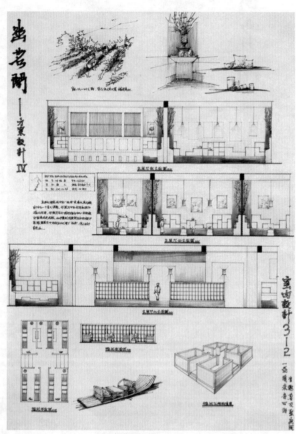

评语:
　　室内设计既是舒适功能的研究,又是文化精神的外化构筑,其形色及细部的营造,民族及地域文化精神与符号元素应用,反映设计师对生活的理解和对文化、民族传统的认知。鲜明浓郁的室内空间氛围营造会深深吸引、打动每一位进入其境界的使用者。
　　叶维善同学的此套"幽茗阁"室内设计,准确把握了功能与形式元素的融合与创新,发挥其严谨扎实的手绘表现方法,有条理、有步骤生动丰富地表达了他对设计的综合理解与构想。以上是四周课程完成的四张手绘1号图版的其中几个版面。

作业二："宝马收藏家博物馆"室内设计方案　作者：张文　完成时间：2009年4月

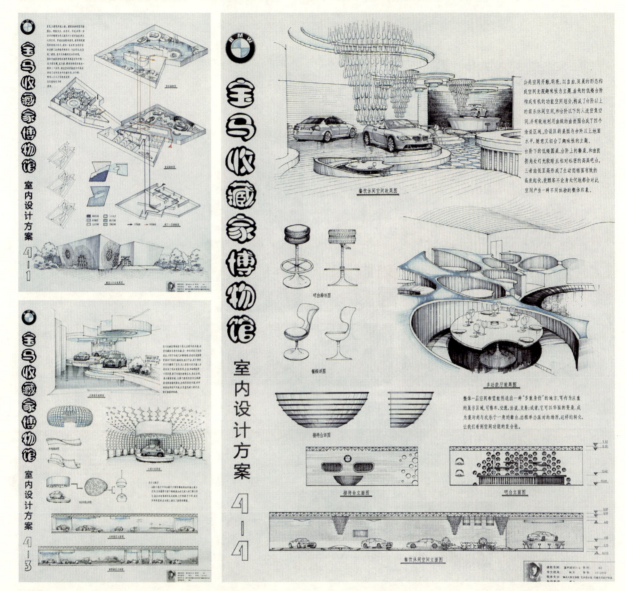

评语：
　　简洁与现代是当下设计者和使用者常追寻的目标，但"简而不单"、"洁而不薄"，现代中又必须蕴含着过去的辉煌，洋溢着人性的美好高雅，又是最难以把控构想的形态氛围。
　　张文同学的此套设计方案在内容功能、形式元素空间氛围等方面作了开放、细致的构思推衍，体现他对设计激情感动后理性严谨的设计思考和规范充分的设计手绘表现。这两方面的状态与能力是优秀设计师必须具有的品行条件。

室内设计3-3 作业一:"瑞湾酒店"室内设计方案 作者:李雪飞 完成时间:2008年10月

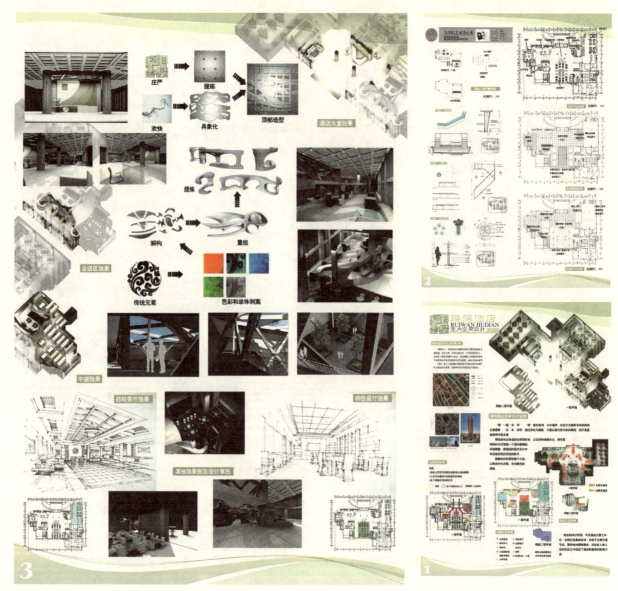

评语:
　　设计不论内容体量的大小,都需要从宏观到微观形态细节的研究设计,在塑造中产生撼人或爱不释手的产品。设计的研究表现也必须在方案阶段对能想到、做到的各个方面,利用各种表现方法作多方位、多角度的比较研究,以减少设计的遗憾。
　　李雪飞同学勤于思考,在他的设计方案中很好地体现了设计师应有的调动和利用各种手段分析、解决问题的能力。此单元课程要求同学利用手绘、计算机等艺术形式综合表现设计方案。

作业二："海滨会馆"星级酒店室内设计方案　作者：杨喜美　完成时间：2008年10月

评语：
　　形与色一直是所有造型艺术家、设计艺术家研究摆弄的条件元素，关系作品的品格和受众的好恶。
　　设计师是美好生活的创造者，提高自身的素养，培养高雅的品格，决定创意设计的高下及能否提升生活质量。
　　此套方案设计在形态构成与色彩对比关系方面作有个性、有视觉效果的探索，整套设计表现严谨丰富，充满对生活的热情。

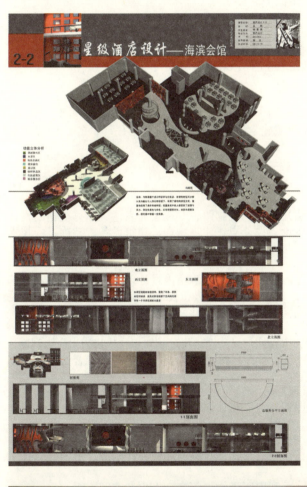

课程名称：**室内设计专业核心课**

主讲教师：**尚金凯**

课程组组长，男，1962年生于天津，天津城建学院艺术系主任、教授。
1986年至1989年就读于天津美术学院，获学士学位。

高宏智

课程组副组长，男，1974年生于天津，天津城建学院艺术设计教研室主任、讲师。
1994年至1998年就读于天津美术学院，获学士学位。

慕春暖

课程组成员，男，1944年生于山东龙口，教授。
1969年毕业于天津大学建筑系并留校任教。1985年至2009年调入天津城建学院任教，曾任城建学院建筑系主任兼书记。

张大为

课程组成员，男，1964年生于黑龙江，天津城建学院景观建筑教研室主任，讲师。1987年至1991年就读于天津美术学院，获学士学位。

一、课程大纲

（一）预备知识

基础知识——造型设计基础、阴影透视与画法几何、建筑制图、专业设计表达、计算机辅助设计等。

专业知识——设计初步、人体工程学、建筑概论、设计史、建筑物理、建筑设备、装饰工程技术、市场调研、工程预算、工程实习等。

（二）课程目的

本课程是艺术设计专业必修课程，通过核心课的学习使学生了解室内设计理念，了解建筑设计基本方法并能将室内设计与建筑知识灵活运用，掌握室内设计的基本方法和设计规律，学会市场调研与设计相结合、技术与艺术相结合，并有效地运用设计规范同时培养学生设计创新能力。

（三）课程要求

建立"以人为本"的设计理念，提高功能设计的可靠性与灵活性，将基础知识与建筑知识应用到设计中，强调整体性原则、掌握形式美的基本法则、强调设计与技术的关系、加强工程意识，建立综合的评价体系。

（四）课程计划安排

《室内设计专业核心课》是由《室内设计原理》、《建筑设计一》、《室内设计一》、《室内设计二》、《室内设计三》、《室内设计四》共六门课程组成，具体课程计划安排如下：

1.《室内设计原理》第三学期 授课方案（32学时）

课程内容讲授：

设计基本概念；室内设计的基本理论；室内设计中的形式美；室内环境设计构成；室内装修技术；室内设计表达方式

课程作业安排：通过学习撰写学习心得一篇，并利用所学知识创意个人生活空间一幅。

评分标准：知识表达全面准确25%；文章条理清晰15%；设计能力20%；造型与功能20%；设计表现20%。

2.《建筑设计（一）——建筑设计基础》 第三学期 授课方案（４８学时+1设计周）

课程内容：建筑设计基本要素；建筑分类和分级；建筑设计内容；依据和程序；建筑构造与设计模数

理论环节：（12学时）

建筑设计原理；民用建筑构造与设计方法；建筑设计规范与表现。

设计环节：（36学时+1设计周）

方案构思（12学时）；方案推敲（6学时）；设计表达（14学时+1设计周，全部手绘完成）；设计评价（4学时）。

课程作业安排：

别墅方案设计（建筑平、立、剖面设计及效果图表现）

评分标准：设计创新能力15% 形式与功能结合25% 功能与使用25% 造型与构造20% 设计表现与表达15%

3.《室内设计（一）——住宅室内设计》 第四学期 授课方案（45学时+1设计周）

课程内容：住宅建筑室内设计原理、功能与定位设计、设计方法与程序、设计表达的形式与方法（手绘）、制图规范与设计、评论与评价

理论环节：（10学时）

住宅室内设计原理(4学时)；定位设计方法；设计表达方式和规范制图(4学时)；设计环节(35学时+1设计周)。

方案构思（12学时）；方案推敲（6学时）；方案定夺（挑选经典方案介绍、6学时）；图纸绘制（8学时+1设计周，手绘完成）；方案评价（3学时）。

课程作业安排：根据别墅设计方案完成住宅室内设计

评分标准：设计创新能力15% 形式与功能结合25% 功能与使用30% 造型与构造10% 设计表现与表达20%

4.《室内设计（二）——文化活动场所室内设计》 第五学期 授课方案（64学时+1设计周）

课程内容：关于文化活动场所室内设计的基本理论，市场调研与分析，设计构思与设计表达，设计评论与设计评价

理论环节：（16学时）

文化活动场所室内设计理论及专题设计原理（8学时）；专题市场调研方法与书写报告规则（4学时）；创新思想理论与研究（4学时）。

设计环节：（48学时+1设计周）

改造原有建筑设计方案（24学时）；成型室内设计方案（16学时）；设计表达（4学时+1设计周）；方案评价（4学时）。

课程作业安排：根据建筑设计方案完成文化活动场所室内设计

评分标准：设计创新能力20%；形式与功能结合25%；功能与使用25%；造型与构造10%；设计表现与表达20%。

5.《室内设计（三）—— 商业与餐饮空间环境设计》第六学期 授课方案（68学时+2设计周）

课程内容：商业建筑室内设计原理、餐饮建筑室内设计原理、市场调研、设计程序与方法、装修材料选择与装修技术应用、计算机辅助设计应用与设计方案评估

第一单元：商业空间环境——专卖店室内、外空间环境设计 （36学时+1设计周）

理论环节：（16学时）

商业建筑设计原理（6学时）；商业建筑室内设计程序与方法（6学时）；装修技术（2学时）；市场调研(2学时)。

设计环节：（20学时+1设计周）

草图构思（4学时）；方案确立与表达（8学时）；节点构造（2学时）；设计表达（4学时+设计周）设计方案评估（2学时）。

第二单元：餐饮空间室内设计——中、西餐厅室内设计（任选一题）（32学时+1设计周）

理论环节：（10学时）

餐饮空间环境设计原理、程序与方法（6学时）；装修技术（2学时）；市场调研（2学时）。

设计环节：（22学时+1设计周）

草图构思（4学时）；方案确立（6学时）；构造设计（4学时）；图纸版面设计（2学时）；设计方案（4学时+1设计周）；设计评价（2学时）。

课程作业安排：根据教师提供的建筑平面（或根据老师要求自行设计平面）完成专卖店与餐厅设计。

评分标准：设计创新能力20%；形式与功能结合15%；功能与使用15%；造型与构造20%；设计表现与表达30%。

6.《室内设计（四） —— 宾馆酒店室内设计》第七学期 授课方案（64学时+1设计周）

课程内容：宾馆室内设计原理、室内景观环境设计理论、设计与表达、设计与应用

理论环节：（16学时）

宾馆建筑的类型与功能特征、宾馆服务内容与分级标准、宾馆建筑室内设计（10学时）；
装修技术（2学时）；市场调研（4学时）。
设计环节：
第一单元：客房（标准间和套间）室内设计（16学时+0.5设计周）
草图构思（4学时）；方案确立（4学时）；构造设计（2学时）；绘图（6学时+0.5设计周）。
第二单元：宾馆大堂室内设计（24学时+0.5设计周）
草图构思（8学时）；方案确立（4学时）；构造设计（4学时）；绘图（6学时+0.5设计周）；设计评价（2学时）。
课程作业安排：根据教师提供的建筑平面（或相关工程平面）完成宾馆大堂与客房设计。
评分标准：设计创新能力25%；形式与功能结合15%；功能与使用15%；造型与构造20%；设计表现与表达25%。

二、课程阐述

《室内设计》是天津城建学院艺术系艺术设计专业核心课程，该课程组的设置结合了本院的特色培养目标，确立了以城市艺术设计为总体发展目标，依托工科院校和城市建设学科特色和资源优势针对当前城市化建设与飞速发展，针对当前室内外设计发展形式强调"加强基础，强化实践"加强复合型、创新型人才培养，满足新形势下高等院校设计教育的发展。

本课程组设置具有以下特点：

（一）课程设置完整统一

"课程组"在设置上以一个整体出现，课程内容包括室内设计、建筑设计等共六门课程，其中既有设计原理课程，也包含了居住空间、娱乐空间、商业空间、公共空间等不同类别的空间设计，同时增加了建筑设计课程，讲解建筑的基本构造知识和初步的设计方法，使学生在掌握室内设计方法的同时了解不同类型建筑结构以及规范对设计的影响。

（二）每门课程具有独立性和针对性

"核心课程组"每门课程设置相互关联具有统一的教学目标，而且每一门课程均具有独立的学习目的与针对性，《室内设计原理》针对解决设计的基本方法，《建筑设计》解决建筑基本知识，并注重室内设计内容学习建筑构造与设计规范，《室内设计一》至《室内设计四》分别着重解决设计中的功能设计、创意设计、形式与设计表达以及装饰构造与综合设计等内容。

（三）课程之间层层递进

课程设置上虽然各自解决不同设计内容，但每一门课程在设置上都与前面的课程紧密相联，知识内容从简到难不断递进。每一门课程都是前面课程的延伸，同时也是下面课程的基础与支撑内容。学生学习也可以由浅入深，循序渐进，不断提高。

（四）师资配置结构合理

课程组针对不同的学习阶段安排了包括工程学、艺术学、材料学在内的不同专业教师任教，并聘请具有实践经验的课外专家参与授课，每一门课程设置一名负责教师协调与本课程相关的相应课程的衔接。

（五）师生综合评判体系

课程组学生在结课时安排了总体评价环节，包括学生自评、学生分组互评、教师总结点评，并对优秀案例进行讲解，同时对普遍存在问题重新讲解与纠正。

总之，最大程度上使学生掌握并加深设计知识，灵活运用设计手段，增强学习兴趣和竞争意识，同时增强学生的参与和交流意识，积累社会经验，为服务社会打下坚实的基础。

三、课程作业

评语：此方案是《室内设计（二）——文化活动场所室内设计》课程作业。课程要求重点把握功能设计同时兼顾形式美，设计表达方面由于本学期已经完成《设计表达》与《计算机辅助设计》课程教学，所以在画面效果上也是考核的标准，此方案充分考虑了建筑结构要求以及娱乐空间的实际需求与功能划分，造型方面体现了相应空间的基本特点，同时充分发挥了色彩和灯光在气氛营造方面的作用，图面效果较为突出。

评语:

　　此套设计方案针对《室内设计(三)——商业与餐饮空间环境设计》课程要求,着重进行设计创意与表现的要求,造型方面大胆采用了流线型的设计,从自然界中取材并通过改造形成新的设计元素。色调亮丽,富有时代感,表现手法熟练,效果突出。

评语：

  作为室内设计课程的最后环节，《室内设计（四）——宾馆酒店室内设计》要求学生通过调研掌握实际设计经验，同时综合所有所学过的专业知识，统筹考虑设计内容，本套设计较为完整，设计语言与设计手法运用得当，功能设计合理、美观大方，设计表现同时还充分考虑到施工与构造的内容。设计完整统一，符合实际工程要求。

课程名称：**空间设计——系列空间设计与模型制作**

主讲教师：**杨茂川**

男，1964年生于四川省什邡市。现任江南大学设计学院建筑环艺系主任，副教授、硕导；无锡室内设计专业委员会主任；浙江万里学院兼职教授。

1987年7月毕业于同济大学建筑学（五年制）专业，获工学学士。

一、课程大纲

（一）课程目的与内容

通过本次课程使学生掌握单一空间的构成方法、组合空间的组织方式，以及空间设计的最新方法。了解影响空间感觉的各种因素。培养用三维的方式进行空间设计的能力。

（二）理论讲授内容

1. 单一空间的限定与围合
2. 组合空间的类型与组织方式
3. 影响空间感觉的因素
4. 空间设计的最新方法

（三）课题与作业设计

课题一：有顶的空中平台
1. 体现出供人使用的空中平台
2. 能够全部遮盖或大部分遮盖平台的顶盖（水平、拱形、斜向均可）
3. 尽可能少的纵向支撑，同时又具备受力的合理性
4. 解决纵向交通问题（坡道或楼梯）

课题二：具有可生长特性的空间
1. 组团式空间、线性空间、放射状空间、网格式空间等组合空间均具有可生长的特性
2. 空间单元形式自定
3. 空间的组织方式自定
4. 水平生长、垂直生长、水平生长+垂直生长均可

课题三：削出的果皮空间（连续的带状螺旋空间）、条状波浪空间（多条独立的起伏空间）二选其一。
1. 打破水平与垂直的界限
2. 连续水平与垂直的围合与限定
3. 难以分辨墙面与顶面

课题四：表面重构空间

"系列空间设计与模型制作"的所有作业，应以具有一定的视觉美感为原则。由四个版面、四个模型、四套电子文件组成。每个课题的作业应包括：

A1（900毫米×600毫米）大小的版面：构思草图、形体三视图、空间的形成过程（三维建模或轴测图）、由模型拍摄的多角度照片，100字以内文字要点说明，课题名称统一为："系列空间设计与模型制作/有顶的空中平台"等，另外还应包括：所在班级、学生姓名、指导教师、完成时间等。

最后的成果模型：模型底座（板）统一按400毫米×400毫米大小制作，材质不限。

电子文件：版面（原大900毫米×600毫米、不小于100dpi）、模型照片（不小于1600毫米×1200毫米）不少于5幅。电子文件应以班为单位，每个同学建立一个文件夹，统一刻制光盘。

（四）评分标准

1. 综合构思能力：40分　　2. 草图表达能力：20分
3. 模型制作能力：20分　　4. 版面表现能力：20分

（五）参考文献

杨茂川著，《空间设计》，江西美术出版社

刘永德著，《建筑空间的形态·结构·涵义·组合》，天津科学技术出版社
高祥生、韩巍、过伟敏主编，《室内设计师手册（上册）》，中国建筑工业出版社
[美]弗郎西斯，D.K.Ching著，邹德侬、方千里译，《建筑：形式·室内和秩序》，中国建筑工业出版社

二、课程阐述

空间设计是环艺设计与建筑设计的根本，是本专业所有设计的本源。为了使同学们树立空间意识，掌握空间设计的方法，特设计了本课题：系列空间设计与模型制作。本课题抛弃了诸多细枝末节，循序渐进、由浅入深，以纯粹的具有典型意义的空间设计与模型制作来实现课程的目的。

课题一主要为了体现以水平要素限定的空间。以水平要素限定的空间既可以运用于诸多环境设施，也可以应用于建筑设计的某一部分。

课题二主要为了体现组合空间的组织方式。组合空间有许多组织方式，其中一部分具有可生长的特性。运用这一特性进行空间设计可以在一定程度上解决建筑空间的组合问题，具有可持续发展和比较广泛的适应性的特征。

课题三主要为了解决空间限定与围合中的水平要素与垂直要素截然分离的问题。将二者自然地、连贯地融为一体，形成趣味空间。这类空间在实际应用中虽然所占比例不多，但却能给人以强烈的视觉冲击力。特别在解决大跨度空间的应用中具有相当的实用价值。

课题四由当今最新的解构主义的打散与重构的基本原理，来创造一种不可预见的、具有一定偶然性的空间形式。这类空间形式可以给人以强烈的视觉冲击力。作为纯粹的空间设计，本课题具有一定的探索性和可操作性。

三、课程作业

课题一：有顶的空中平台

这两个方案代表了两种不同的空间造型思路，一是借鉴自然界的有机形态，设计作品造型优美；而另一个则源于传统的建筑构件造型的抽象，造型具有强烈的结构感和空间感。

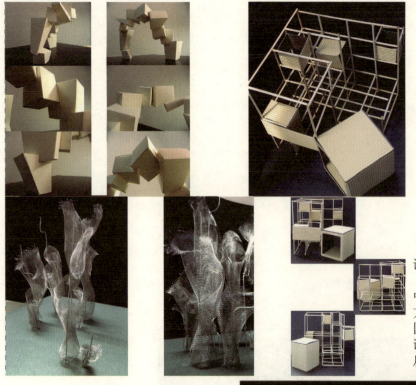

课题二：具有可生长特性的空间

在可生长的空间的三件作品中，可以看见空间形态的三种生长方式：线性生长、网格生长以及组团生长。这三件作品，或端庄或严谨或生机勃勃，都较好地解决了材质与空间造型之间的关系。

课题三：削出的果皮空间、条状波浪空间

削出的果皮空间往往是连续的带状空间，并多形成双曲面；而条状的波浪空间则会形成单向的起伏形态。这两件作品以金属为材料，削出的果皮空间结合黄铜的材质特点形成了华美螺旋造型；而条状的波浪空间较好的展现出不锈钢条带与金属网带之间的虚实对比关系。

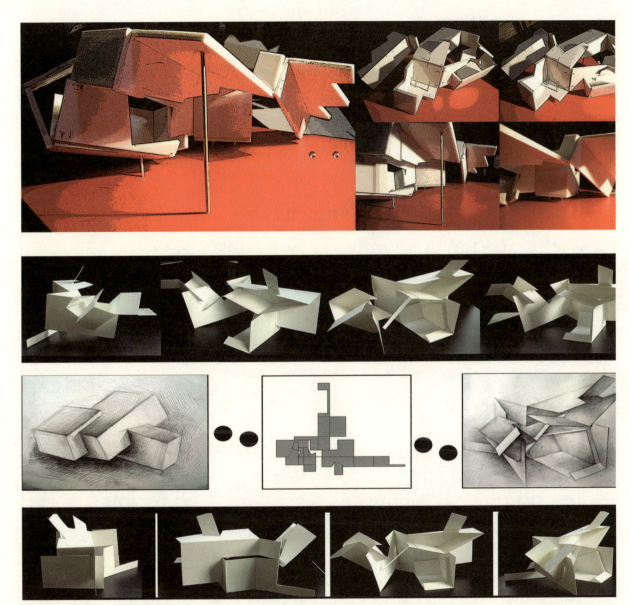

课题四：表面重构空间

作品由二个以上（含二个）立方体的组合体展开的表面为基础，将这些表面重新构成新的空间与形体，利用解构主义的打散与重构的基本原理，来创造一种不可预见的，具有一定偶然性的空间形式。这类空间形式可以给人以强烈的视觉冲击力。这两件作品都较好地实现了课题的意图，并在造型上具有较强烈的视觉冲击。

课程名称：**公共空间设计**

主讲教师：**鲁睿**
男，天津人，1978年出生，天津美术学院设计艺术学院环境艺术设计系讲师，硕士研究生，天津包装协会会员。
2000年至2007年任教于天津师范大学艺术学院环境艺术系，2008年调入天津美术学院设计艺术学院环境艺术设计系。主要研究方向为商业空间设计、城市公共空间设计、住宅空间设计。已出版专著2部，发表论文20余篇，100多项作品被市政府、社会企业广泛采用。

一、课程大纲

（一）课程要求与目的

本课程大纲的要求，是使学生通过对公共空间的系统学习，开阔设计思维，学会研究和分析各类优秀公共室内空间的独特性，达到"踩着大师肩膀往上爬"的教学特色。运用多角度思维方式激发创作灵感，并掌握一定的创新设计手法和市场新型材料，提高设计创新能力。

实践教学大纲要求学生做出单项公共室内空间的环境设计作品，掌握平面图、施工图、效果图等各类图纸的设计和绘制能力；并对各类材料的质地和价格有相当程度的了解；对施工程序和方式有清楚的概念和一定的操作能力。

本课程的教学目的主要有以下几点：
1.提高学生观赏、理解优秀作品的能力以及相应的空间元素提炼能力。
2.使学生了解优秀设计的灵感来源，对正确的交通动线、空间设计、结构技术、功能使用、形态构成、材料质地等有正确的分析了解，并能据此对空间进行有目的地解读。
3.训练学生的表现能力以及掌握基本的施工流程、工程预算。

（二）课程计划安排

本课程共5周完成，具体教学计划安排如下：
1.第一周，教师结合自编教材《公共建筑空间室内设计》实例讲解分析公共空间的理论课程内容。其中包括公共建筑空间室内设计的概况、公共建筑空间室内设计的创意、公共建筑空间室内设计和规划、公共建筑空间的材料与施工、设计项目的施工和管理等。
2.第二周，实地考察，了解天津市公共室内的优秀设计作品（天津博物馆、音乐厅、中国美术馆、天津城市规划馆等），学生分组并选择将要分析的作品，教师确认。通过收集相关资料（特别是图纸资料）、小组讨论以及与教师交流，全方位了解公共空间设计师以及作品的基本背景情况。
3.第三周，学生利用草图以及实景照片深入分析设计师作品。应掌握空间的构成法则和其美的规律。在教师的指导下，选择合适的空间角度，对空间的三维构成及材料进行深入分析。这些设计分析包括：设计灵感来源、交通动线、空间设计、结构技术、功能使用、形态构成、周围环境、材料质地等等。
4.第四周，实训阶段，让学生多接触实际，是本课程的重点。具体方法有选择正在施工的设计现场实地参观考察、录像、教师讲解。利用现场的直观视觉形象教学，以便学生理解。
5.第五周，教师讲解相关的设计制图方法；学生绘制效果图、施工图，设计文案的作业部分学生分小组汇报成果，教师点评。

（三）课程作业

1.优秀设计分析：实地考察公共室内的优秀设计作品，天津博物馆、音乐厅、中国美术馆、天津城市规划馆等，分析该公共空间的设计元素和特点。学生分3~4人为一组。作业上交形式：设计报告册（297mm×420mm），内容包括：封面（标志、项目名称、作者、指导教师、日期）、目录、考察照片和草图分析、设计灵感来源分析、交通动线分析、空间设计分析、结构技术分析、功能使用分析、形态构成分析，周围环境分析、材料质地分析。

2. 自由设计：以天津为地理位置，任选设计一种公共类室内空间（如医院、博物馆、学校、酒店、餐厅、茶楼、专卖店、SPA、KARAOK）。作业上交形式：展板（600mm×900mm）一块。设计报告册（297mm×420mm），内容包括：封面（包括标志、项目名称、作者、指导教师、日期）、目录、创意概念说明、设计草图、平面图、立面图、剖面图、重点部位详图、手绘效果图两张、工程预算。

3. 命题设计：以《天津静海团泊湖度假村酒店》为题进行创作空间（教师提供施工图），设计400平方米左右共享空间一间。作业上交形式：展板（600mm×900mm）一块、设计报告册（297mm×420mm），内容包括：封面（项目名称、作者、指导教师、日期）、目录、创意概念说明、设计草图、平面图、立面图、剖面图、重点部位详图、手绘效果图两张、工程预算。

考核标准：

作业内容	作业要求1（30%）	作业要求2（30%）	作业要求3（40%）	分数合计
实例作品分析	草图分析与元素提炼	各功能空间、分析交通流线分析等	完整设计创意分析	100
自由设计	创新能力、独特性、空间关系推敲，材料运用等	设计过程中的草图表达能力	综合效果	100
命题设计	平、立、剖、透视等表现手法，明确划分及空间采光、设计创意等	设计过程中的草图表达能力	综合效果	100

二、课程阐述

（一）寻找大师的足迹——优秀设计的深化分析

运用一定的方法，对著名设计师的经典作品进行深入分析，了解设计者的创作思想、理论，研究其思维方法和设计语言，是初学者学习空间设计的一个很好途径。本课程要求学生分组协作完成，每小组4人，每组选择一个优秀的公共空间室内设计作品为研究对象。让学生依据所收集到的相关图纸及资料，通过草图和材料的分析找到设计师的设计想法和设计构思，了解所研究的公共空间的形态特征。其次，在教师的指导下，深入分析所研究空间的设计特点，寻找该空间的美的规律，并选择一个或几个美的构成法则，重新运用材料，设计一个400平方米左右的公共空间，打造"踩着大师肩膀往上爬"的教学特色。

（二）校园内的"工作室"——真题真做的综合训练

真题真做，是本课程长期市场化研究的结果。课程作业结合天津滨海新区发展的特有条件，与房地产开发公司结合及设计院合作设计项目，通过实地考察、度尺，使同学们从中得到锻炼。同时，学生也为学院争得了荣誉。所以，公共空间设计的选题，应紧密联系当代人的生活环境、学习环境和文化环境，贴近社会，谨防空洞和纸上谈兵。

（三）整合知识结构——空间施工技术的综合培养

本课程在四年级进行，为期5周。在课程中必须调动以前的相关课程知识储备和个人专业素养——制图基础、专业技法、空间形态、结构构造、装饰艺术等课程的知识，才能较好完成设计任务。同时，让学生们学习室内设计中结构构造的细节处理技术，工程材料的运用、工程材料的预算等，这些感性认知、经验积累、理性分析等，均会对学生综合设计能力的提高及思路的开拓产生非常有益的帮助。

（四）创意训练——研究与思维的深化训练

公共空间设计课程中，创意思维训练是很重要的环节之一。它可开拓大学生的形象思维训练，同时也可锻炼逻辑推理能力。设计过程中从整体风格出发，设计小组成员在了解空间形态、结构构造、装饰艺术的基础上，与老师现场探讨，在充实的资料收集基础上，由浅及深，由表象到本质的寻找设计元素。这些工作是对学生手、眼、脑全面配合的实际动手能力和电脑绘图能力的一次良好锻炼。

（五）小组的团队合作——管理和协调的训练

设计小组采用工作室制，以3到4人为一组，分工合作，协同完成，培养团队合作精神，训练吃苦的精神。不论现场度尺还是设计方案，每组都必须安排合理的时间和工作量，每组由组长领导，发挥每个组员的优势安排工作，每个人分工协作，还要和整个团队有很好的沟通合作，完成工作任务。

（六）作品荣誉感建立——设计作品课后参赛、讲评

公共空间课程作业结课后，作业参加各种不同设计比赛，提高学校知名度。同时开展交流展，为教师、学生提供一个经验交流的平台，邀请专家点评指导，学生陈述完整的PPT演示文稿，对整个设计的概念应用、功能分析、特色设计、管理和使用等一系列环节进行讲解，提高课程教学质量，激发学生的学习热情。

三、课程作业

学生作业：天津市静海县团泊湖健身会馆设计
05级环境艺术　胡佳　杨凯　曹荣渲

评语:

作品能很好地结合天津静海的地理环境。空间交通动线准确,有深入的分析。结合健身空间的特点,设计方式和元素运用准确。能很好地说明空间的特点,表现图完整、充分,能够综合利用图解、照片、文字等手段,清晰表达对本案空间的解读过程。

学生作业：天津市梅江水岸公馆——会所酒店设计
05级环境艺术　　白明川　　刘娇　　陈秋来　　陈肇纯

评语：
　　设计采用真题真做的形式，效果图绘制美观、表现有力、手绘草图准确，总体效果较好，能够表现所研究的空间形态、空间功能、交通动线和设计元素。空间设计有新意、美观，内容组织逻辑性强。

课程名称：**室内空间设计**

主讲教师：**田沛荣**

女，1945年出生，天津美术学院环艺系硕士导师，现聘为天津商业大学宝德学院计算机系环艺教研室主任，教授。

王川

男，1982年出生，天津商业大学宝德学院计算机系环艺教研室助教。

2004年毕业于天津美术学院环境艺术设计专业获学士学位，2007年毕业于天津大学建筑学院设计艺术学专业获硕士学位。2007年9月在天津商业大学宝德学院计算机系环境艺术设计教研室工作至今。

一、课程大纲

（一）课程目的与要求

《室内空间设计》课程为环境艺术设计专业中的特色课程，也是环艺专业系列室内设计课程体系中核心课程之一。该课程通过对室内空间设计的基本概念、基本类型和空间设计的方式方法等问题的讲授，结合选定的室内空间改造练习，使学生在掌握各类室内空间设计的方法与技巧时，形成独立处理和解决室内空间问题的能力，进而为后续的专业设计课程打好坚实基础，并帮助学生在以后的设计工作实践中解决可能遇到的实际问题。

在《室内空间设计》这门课程的教授过程中，还特别强调了理论与实训相结合的教学方法，在教学与练习的过程中始终要求学生协调好设计方案的艺术性与可实现性，使学生的作业既有强烈的时代感，又有继续深入甚至制作实体的可能。同时，课程加入了社会对环艺专业的新要求，让学生在设计过程中尽可能地融入当代设计的新精神、新理念。为打破以往教师在教授过程中一人一言的弊端，特别增加了课堂交流环节，允许学生进行专业方面的讨论，提高课堂的学术气氛，努力将学生培养为具有全面素质和修养的环艺专业工作者。

（二）课程计划安排

1. 课程计划

本课程的教学时段为5周，共计60学时。分为4个阶段进行。

第一个阶段——专业讲授阶段。本阶段教学的主要任务为教师进行课堂知识讲授。做到使学生全面了解和掌握室内空间设计课程的知识体系、研究方向和学习方法，引导学生接触设计实践，激发学生的设计灵感，为后面进行设计作业的练习打下坚实的基础。主要内容包括：对室内空间设计的基本概念、种类和设计方法的讲解；人体工程学在室内空间设计中的应用；对住宅、商业、办公、餐饮、娱乐等不同室内空间特征的分析；对中外优秀室内空间设计案例的欣赏。本阶段以多媒体讲述结合课堂讨论的方式进行，计12学时。

第二个阶段——深入设计阶段。本阶段的教学任务为辅导学生进行专题深入设计练习。做到使学生在进行深入设计的过程中掌握和强化前一阶段所学到的知识和内容，引导学生对所选课题项目的进一步学习和研究，形成有特色的室内空间作品，并对作业过程进行总结和整理。主要包括：题目选择阶段；

问题的提出与解决方法设想阶段；图纸制作阶段；模型制作阶段；总结阶段。本阶段以课堂实践练习结合教师辅导的方式进行，计32学时。

第三个阶段——快题设计阶段。本阶段的教学任务为辅导学生进行专题快速设计练习。使学生在进行快题设计的过程中，对遇到的困难和问题做到快速解决，快速表现；设计方案个性鲜明，图面表达清晰准确。主要包括：题目选择阶段；图纸绘制阶段。本阶段以课堂实践练习结合教师辅导的方式进行，计12学时。

第四个阶段——作品表述阶段。本阶段的教学任务为带领学生进行自己作品的讲解和表述。做到使学生在进行作品表述的过程中锻炼自己的语言表达能力；了解其他学生作品中的创意和设计方法；提高课堂中的学术氛围。主要包括：学生进行自我作品的讲解和教师、同学间的提问与解答阶段；教师进行作业点评阶段。本阶段以学生与教师的语言交流方式进行，计4学时。

2. 课程安排

第一阶段的具体安排：

序号	授课内容	课时数
1	讲解室内空间设计的基本概念、种类和设计方法	4
2	人体工程学在室内空间设计中的应用	2
3	对住宅、商业、办公、餐饮、娱乐等不同室内空间特征进行分析	4
4	欣赏中外优秀室内空间设计案例	2

第二阶段的具体安排：

序号	授课内容	课时数
1	题目选择、制定以及问题的提出	2
2	图纸绘制	14
3	模型制作	14
4	深入设计总结	2

第三阶段的具体安排：

序号	授课内容	课时数
1	题目选择	2
2	图纸绘制	10

第四阶段的具体安排：

序号	授课内容	课时数
1	学生进行自我作品的讲解和教师、同学间的提问与解答	3
2	教师进行作业点评	1

（三）课程作业内容

1. 作业命题。自主安排300平方米以上的建筑平面进行方案设计，作业应包括平面、立面、效果图以及方案模型等内容。表现手段除方案模型外还应包括手绘和计算机辅助两种方法。

2. 作业要求。

作业内容：课堂阶段性练习、深入设计作业，要求上交最终渲染的手绘和计算机辅助设计的电子稿件以及方案模型；快题设计作业，要求上交最终手绘方案的电子稿件。

图纸规格：电子文件大小420mm×297mm，分辨率300dpi；方案模型的平面尺寸力争控制在A2之内、打印稿A3规格。

（四）考核标准

1. 按照教学各阶段的要求，对基础理论知识及方法的掌握以及实际操作能力——占20%。
2. 深入设计作业方案设计——占30%。
3. 快题设计作业方案设计——占20%。
4. 课题作业效果表现——占20%。
5. 作品讲述表现——占10%。

二、课程阐述

该课程结合多年的教学经验，采用特色教学模式，精讲多练，课程进度快慢有序。采用多媒体与实训相结合的教学方式，学、练与讲述紧密结合，重点在于锻炼学生的设计基本功，使学生奠定坚实的基础。

（一）尊重三本类院校艺术学生的自身特征

室内空间设计是环境艺术设计专业学生必须掌握的设计基础之一，而相对来说室内空间设计语言种类繁杂，三维表达方法理解困难，概念抽象，学习起来更需要一定的逻辑思维能力。本课程正视三本类艺术学生学习能力相对薄弱，不善于逻辑性思维的特点，将众多的空间种类、尺寸标准等枯燥的背诵部分进行整合；融入到具体的国内外实际案例当中。课程的讲授部分从始至终采用知识块的教学方法，密切结合学生对环境的切身感受，逐步深化、拓展，分阶段地将学生从已知带向未知。结合三本学生思维比较活跃这一优势，尽量摒弃一些过时的教条理论，注重教学方法的引导，帮助学生从被动式学习转变为主动式学习。

（二）强化设计作业中命题与实践的结合

学生对《室内空间设计》这门课程的学习归根到底是为了将来可能遇到的各种空间设计问题时有能力提出某种具有针对性的解决方法。因此在深入设计练习的过程中既保留开放性的选题方式，又针对不同的学生选题制定不同的解决方案，而且将解决空间问题这一主题贯穿于整个教学的过程之中。这就将学生从教条的象牙塔中解放出来而回到实践问题的解决道路上。

在快题设计练习中结合当今国际上流行的室内空间的中心设计改造的需要进行了针对性的练习。在这次练习中学生被严格地限制在既定的改造原型之中，实体不能进行丝毫的改变。这也是以前的艺术学生步入社会后遇到的一个普遍问题——学习时的随意性与实践中的苛刻条件形成鲜明反差而带来的不适应。而通过这种方式的练习可以帮助学生逐步进入从学生到社会工作者的身份转换，减弱这种不适应性。

（三）课程节奏的起伏变化

以往设计类课程的教学基本上分为两个部分：讲课与练习。这门课程则加入了快题设计与讲述两个环节，从而带来了课程节奏中快与慢的变化。既让学生能够针对某个命题进行深入学习，又能锻炼学生在短时间内进行快速反应和快速表达的能力。整个课程的设置有松有紧，张弛有度。

（四）选题的深入与精确

本课程中的深入设计练习的选题是在教师的引领下进行的深入、精确的选题工作。学生不仅要在室内空间使用性质方面作出大致方向的设置，更要对所选项目的个性特征（如针对的人群、周围环境等）问题进行更加深入的设定和分析，为自己的设计作品带来更多的设计依据，同时也将确保班级内学生作业的特色化和个性。

（五）对作品表现的严格要求

本课程中的快题设计练习要求学生在一张A1大小的图纸上表达非常多的设计内容（包括平面图、立面图、效果图、设计说明以及标题等）。要求是既要表达清晰、准确，又要构图合理，布局匀称。而这一切都需要用手绘的方式来完成。通过这方面的练习，学生对电脑的依赖性进一步下降，而包括多方面的（甚至包括字体的练习）综合素质则得到更大的提升。

（六）强调作品的讲述环节

本课程将学生对自己作业的讲述提高到一个更加重要的位置，并将学生的讲述效果纳入到总体评分的比例当中（详见考核标准）。通过这种课堂上正式的讲述练习，学生既锻炼了自己的表达能力，还学习了其他同学的作品中的长处，并且因为要有所"讲"，更间接地提高了作业的设计和表现的水平。同时这一环节还加强了课堂中的学术气氛，更使教师得到了一个难得的"听讲"机会，也有助于教师水平的不断提高。

（七）课后的作业点评

本课程在讲述环节结束后，对学生的作业进行一一点评，并将部分作业公布到互联网上，方便学生与教师的后续交流，使教与学的体系更加完整、充实。

三、课程作业

（一）以建筑内部光影效果为主营造室内空间气氛

这类作品突出表现了建筑外部结构对室内光影效果的巨大影响。通过对建筑结构的肯定与重复，将阳光与阴影这对时刻变化的重要元素用于作品之中，营造了建筑内部与外部和谐统一的空间氛围，探讨了光影不断变化时产生的奇妙效果。

 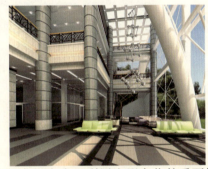

蒋坤同学的这份作业充分表现了公共空间中合理利用光影变化的重要性。利用光影强调空间的开放性，产生丰富的变化并具备引导视线的功能。空间中的栏杆花纹、顶棚分割、主题雕塑等元素有机地重复了产生光影的建筑结构与光影本身，从而形成了极强的韵律感。

沈佳、欧雨两位同学的作业主题为"精细空间"。通过建筑的总体把握与内外部空间的统筹考虑，很好地将精细的建筑结构的光影反映在了柔和的曲线表面上，充分诠释了整个设计的主题思想。

（二）以室内造型、灯光为主营造室内空间气氛

这类作品主要通过对室内造型、灯光等元素的设计，表现出室内的不同功能、气氛、品位等元素的独特感受。注重空间整体氛围的把握与营造。具有极强的视觉感受与心理感受，冲击力强。

  曹颖同学的这组作品表现内容为卡拉OK包厢以及餐饮空间的效果。手法成熟，定位准确。通过不同的材质和灯光等元素的使用将卡拉OK包厢热力、活泼、舒适、隐秘的空间需求表现得淋漓尽致。

  胡敏同学的这两张办公空间的设计作品颜色抢眼、设计手法成熟、室内功能完备、表现效果真实可信。尤其注意了室外光的引入与灰空间的划分，结果令人满意。

  李恩逊同学的作业以代表传统特色的红色和一些欧式元素为主要切入点，餐饮空间划分合理，表达效果大气有力度。

  王永强同学这套家装的设计作业视觉效果非常强烈。作品运用了具有代表性的几种不同材质，以及充满韵律的几款经典颜色，结合扎实的计算机表现功底，完美地演绎了一个充满着情调和品位的家居室内空间。

（三）以研究建筑外部空间对内部空间影响为主营造室内空间气氛

这类作品着力探讨了室外空间形态特征元素对室内空间造型表达的影响。通过手工或计算机生成的模型，同学们可以反复研究两者之间的互动关系，并为室内空间的设计提供可靠的依据。这类作品相对简化其中的色彩与材质因素，而多视角的观察方式则具有极强的现实带入感，是一种很好的研究室内外空间关系的方法。

曹颖、赵静、魏铁楠这三位同学的作品采用了金属网做骨架外加粘贴纸浆的制作方法，表达了一个充满了戏剧性的、有机形态的概念作品。作品强烈传达着每一处内外空间的奇特联系，似乎将人们带入到了一个匪夷所思的幻想中的未来世界。

蒋坤、陈超、许乐平同学的这组作业为一个概念性的办公空间，在这个计算机概念模型表达的图面中我们可以看出作者为营造一个完美的内外空间而做出的大量工作。

王永强、孙宏伟、胡敏三位同学的这个作业表现内容为一栋概念型的别墅住宅。在这套具有实验性质的作品中我们可以看出三位同学已经将作业方案的设计作为了一种新的尝试和研究的媒介，表达出同学们渴望对更高要求的尝试。建筑内外空间结合紧密、空间灵动、形式感强烈。

课程名称：**公共空间设计**

主讲教师：**李沙**

男，1959年11月30日生于北京，北方工业大学艺术设计系主任、教授。中国建筑学会室内设计分会理事、中国建筑装饰协会设计委员会委员、全国有成就资深室内建筑师。

一、课程大纲

（一）课程的目的与要求

本课程是艺术设计学科的专业方向选修课，该课程系统地介绍了公共空间的分类及功能，使学生掌握公共空间设计的处理要点。

（二）本课程要求学生了解并掌握的内容

1. 公共空间的内涵和外延
2. 各类公共空间的形态和特征
3. 公共空间展厅的具体功能和设计要素
4. 各类公共空间的功能，墙、地、顶棚、门窗、家具和照明等细节要点

（三）本课程在课外调研方面的要求

1. 通过实地调研，掌握各类公共空间的基本功能、设计要点、空间序列，以及细节设计中材料的使用以及相关制作工艺。
2. 将调研成果，包括公共空间的地理位置、平面布置、功能分析、特色设计等以ppt演示文稿的形式进行讲解，以便将调研成果系统化。

（四）课程计划安排

章 节	内 容	总课时	讲授课时	习题讨论课
第一章	概论	8	4	4
第二章	公共空间的类型	8	4	4
第三章	公共空间的功能分析	8	4	4
第四章	公共空间的设计要素	8	4	4
第五章	公共环境系统	16	4	12
第六章	公共空间设计要点	16	4	12
合 计		64	24	40

（五）课程作业要求

作业之一：公共空间室内设计调研

要求：1. 调研：实地调研与本次课程设计直接相关的项目，为设计准备充足的素材。
2. 将调研报告以演示文稿的形式呈现，并在课堂陈述。

作业之二：办公空间设计

要求：在特定的建筑平面中，设计一个特定的公共空间任选一题。

医院/ 博物馆/ 学校/ 酒店/ 餐厅/ 茶楼/ 专卖店/ SPA/ KARAOK

该建筑原始条件为"大空间"户型，除外围护墙和分户墙以外，室内无分室墙。要求符合室内方案设计表达深度。

设计方案中室内基本功能空间须包括：接待与咨询、特定功能、专业工作、休息、厨房盥洗、卫生间、库房等。其他因专业性要求需设置的功能空间和建筑设备系统配置，以及各空间组织、面积分配、限定方式等自行拟定。

作业上交形式： 1. 展板900mm×1200mm（竖）一至两块　 2. 设计报告册 297mm×420mm（横）

内容包括：封面（包括标志、项目名称、作者、指导教师、日期）、目录，创意概念说明，总平面，立

面图、剖面图,地面铺装,点位/强弱电,效果图三张以上。
（六）课程进度安排与考核标准

课程进度安排表

	市场调查	建议书草案	进展册	功能分析	平面规划	平面图	立面图	顶面图	剖面图	系统图	三维草图草图	效果图	PPT演示	展板	报告册
第一周															
第二周															
第三周															
第四周															
第五周															
第六周															

注：平面图包括平面布置图和地面铺装图，系统图为强弱电图和点位图
■ 学生作业进度　■ 评分进度　■ 辅导进度

组别	小组成员	总分值 / 类别 / 项目	100			100			100			100			评讲			合计
			市场调查	建议书草案	进展册	调研汇报	功能分析	平面规划	施工图	三维草图	效果图	版面设计	PPT多媒体	报告册	服装	语言表达	时间控制	概念应用	
		分值	20	20	10	50	20	20	60	60	40	30	30	40	10	30	20	40	
1	组员1	各项得分																	
	组员2																		
	组员3	合计得分																	

二、课程阐述

公共空间课程特色在于：

（一）选题与调研

公共空间设计的选题，力图紧密联系当代人的生活环境、学习环境和文化环境，贴近社会，谨防空洞和纸上谈兵。例如："老干部活动中心"室内设计项目，就是结合本校的实际情况所做的设计，因而具有现实意义。根据选题，进行有的放矢的深入调研。其中包括背景知识、特定空间的功能、现状以及存在的问题，未来设计的目标等等。例如：在做校医院整体空间设计之前，学生以小组为单位对北京的三级甲等医院，二级医院以及社区医院进行了深入调研，对医疗流程、功能分布和特别要求进行调查，从而使学生将课题的全部资料信息加以汇总和梳理，最后以ppt演示文稿的形式在课堂上进行汇报。

（二）创意思维训练

环境艺术设计课程中，创意思维训练是很重要的环节之一。它可开拓大学生的形象思维训练，同时也

可锻炼逻辑推理能力。因为公共空间设计课程不仅是形式美的表现，更重要的则是空间的创意。要使空间能够给人带来多样化的空间想像力，就需要打破固有的思维模式，教师通过启发的故事，由此及彼地启发学生的创意，并将创意一步步地完善。

（三）功能分析设计

公共空间的室内设计既有形式美的要求，又强调特定的空间功能，如果一味追求形式，而丧失或部分丧失功能，则失去了环境艺术设计的基本意义。所以让学生熟悉功能，拓展功能，完美功能，使学生通过课程的学习加深对空间功能的认识是极其重要的。例如，在KTV设计中，充分掌握各空间的性质，满足不同功能空间的需求，以达到设计最终是为人服务的目的。

（四）按设计程序安排进度表

根据目前设计公司现行的设计投标程序，安排仿真的设计进度表，其中的前期调研，进展册，概念提取、功能分析、平立剖CAD图，系统图，三维草图，效果图以及PPT文稿演示等一应俱全，并在每一个阶段都相应地评出成绩（具体表格如课程大纲中课程进度安排表所示）。如此安排课程进度，有利于培养学生在学习过程中的系统性与专业性，并激励相互之间的有利竞争。在期间的一些公众演示环节，进行不同课题的小组成员之间还可以相互提问交流，以获得自己课题之外的公共空间设计知识，避免学习的缺漏和局限性。教师辅导进度、评分进度与设计进度相辅相成，使整个课程融会贯通。

（五）解标训练及成果展示

经过按步骤的专业训练，最终进入设计方案的陈述环节。我们邀请相关的教授、专家和甲方代表，比如社区医院院长等作为评委，对学生的设计作品进行客观公正的点评。学生陈述要求准备完整的PPT演示文稿，同时在讲解过程中，主讲人员应仪容庄重，着正装，操标准普通话。要求主讲者对整个设计的概念应用、功能分析、特色设计、管理和使用等一系列环节在规定时间内进行讲解与陈述，随后由评委提出问题并点评。评委打分并评出优秀作品之后，统一对展板进行喷绘，在展厅内进行课程成果的展出，以促使学生之间进行互相的专业学习与交流。

总之，高强度，从难从严，一切从实际出发的公共空间设计课程，为大学生的专业素质的提高打下坚实的基础。

（六）课程作业

公共空间之KTV设计

1. 概念引入分析

纵观中华五千年的历史文化，留下了许多令人惊艳的艺术瑰宝，京剧是其中最璀璨的明珠之一。作为珍贵的国粹文化，已有两百多年历史的京剧以博大包容的艺术形象与婉转悠扬的唱腔深入人心。京剧中"唱念做打"的身法架势和"生旦净丑"的形象特点使炎黄子孙传承并享受着这一特别的艺术形式。

2. 概念提取延展

本课题的标志设计以"京"字为出发点，利用"京"字的变形重构表现为具有代表性的京剧脸谱，巧妙展现了企业的文化内涵，让人获得耳目一新的感受。

3. 概念整合利用

"当戏剧遇上时尚，当经典遇上流行"，会不会给人一种时空交错的幻觉体验？我们力求把经典与流行结合，追求一种活泼浪漫又不失庄重的空间氛围。KTV的色彩设计以京剧色彩中具有代表性的红黑白黄为主色调，力求达到京剧魅力的经典再现。

4. 空间概念应用

本建筑的外立面设计充分提取京剧戏楼对称庄重的传统结构特点，利用恢宏大气的方形造型体现建筑的简约之美。在细节设计上，运用京剧舞台中特有的"二道幕的手法"，采用金属材质塑造京剧舞台布幕的形象，既呼应了京剧概念，又强化了建筑空间的层次感。

室内空间的规划是按照传统京剧戏楼的对称布局设定的，既合理利用空间，又与京剧元素呼应，场景布置借鉴京剧舞台构架与中国古典园林的造景手法，并进行了有机的结合。

三、课程作业

梨园（一层大堂）

评语：
　　本KTV设计在功能上，满足了大厅、VIP包房、特色餐厅、休憩区等空间的要求，功能是本设计的要点。概念上则提取了中国国粹——京剧的诸多元素，营造了梨园、玉堂春、满江红、牡丹亭、华容道等空间，包括建筑外立面的设计，也融入了京剧幕布的元素。身临其境，整个空间序列如一幕幕京剧的演绎，娓娓道来。在满足功能的前提下，空间氛围的营造成为本设计的亮点。设计的不足在于组织人流走向方面的手法尚不成熟。

课程名称：**室内陈设**

主讲教师：**周彤**，湖北美术学院环境艺术设计系副教授。
何明，湖北美术学院环境艺术设计系副教授。

一、课程大纲

（一）课程目的与要求：
本课程教学目的是培养学生的审美鉴赏能力，建立室内陈设知识系统框架，训练在已知的建筑物空间内进行陈设布置的基本方法。

（二）课程计划安排：

第1周
1. 阶段目标
陈设品的基本知识及鉴赏，各个时期、不同区域代表性陈设品的基本形态，了解陈设发展的基本脉络。
2. 作业要求
作业内容：查阅不同时期、不同区域、不同风格的陈设品样式，以图表的方式罗列。
图示表达：手绘各类型的陈设品样式，要求描绘准确、细致。
阶段深度：钢笔透视，黑白。

第2周
1. 阶段目标
陈设设计的类型及方式，并训练在平面图中的陈设设计的实践操作方法。
2. 作业要求
作业内容：在已知建筑平面中，进行陈设的初步设计。
图示表达：在平面图中相应的陈设品位置上索引出陈设品选择示意图，并用编号归纳。强调对陈设品的分类、归纳，以利后期的选择。
阶段深度：方案设计。

第3周
1. 阶段目标
陈设的风格化设计，强调墙面陈设对室内空间的衬托，并在建筑剖立面图中的表现陈设样式。
2. 作业要求
图示表达：在剖立面图中相应的陈设品位置上索引出陈设品选择示意图，并用编号归纳。强调对陈设品的分类、归纳，以利后期的选择。
阶段深度：方案设计。

第4周
1. 阶段目标
陈设的风格化设计。强调陈设与空间的相互关系，使学生经历一个由技能方法到空间感受的综合训练过程。
2. 作业要求
图示表达：由剖切面生成的室内透视图，要求表现建筑结构、装修层、室内家具、陈设品的综合布置。
阶段深度：钢笔透视。

二、课程阐述

本课程不是单纯的表现课程，而是采用小课题的形式进行，是一门知识型和操作型紧密结合的课程。
本课程内容安排学生仍然以设计思维、概念为主导方向，结合"周进制"教学模式，以一周为时间单位，分四周，每周完成一部分设计内容，从设计概念总图，建筑单体设计概念草案（配以模型制作），建筑单体方案深化，到制作完成四个部分，最终形成一套完整的设计作品，满足方案设计深度要求，着重把握概念与表现的结合，充分体现自己的设计理念，始终强调整个设计过程的重要性与完整性，分阶段地进行学习制作，从中获得设计的相关知识，体会设计过程的趣味性。

三、课程作业

第1周

1. 阶段目标

陈设品的基本知识及鉴赏，各个时期、不同区域代表性陈设品的基本形态，了解陈设发展的基本脉络。

2. 作业要求

作业内容：查阅不同时期、不同区域、不同风格的陈设品样式，以图表的方式罗列。

图示表达：手绘各类型的陈设品样式，要求描绘准确、细致。

阶段深度：钢笔透视。

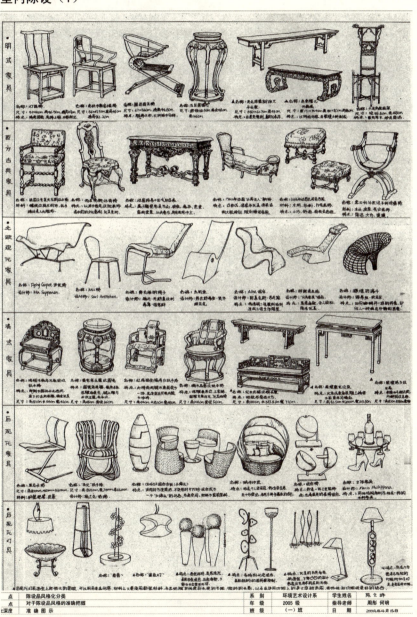

室内陈设（1）

室内陈设（2）

第2周

1. 阶段目标

陈设设计的类型及方式，并训练在平面图中的陈设设计的实践操作方法。

2. 作业要求

作业内容：在已知建筑平面中，进行陈设的初步设计。

图示表达：在平面图中相应的陈设品位置上索引出陈设品选择示意图，并用编号归纳。强调对陈设品的分类、归纳，以利后期的选择。

阶段深度：方案设计。

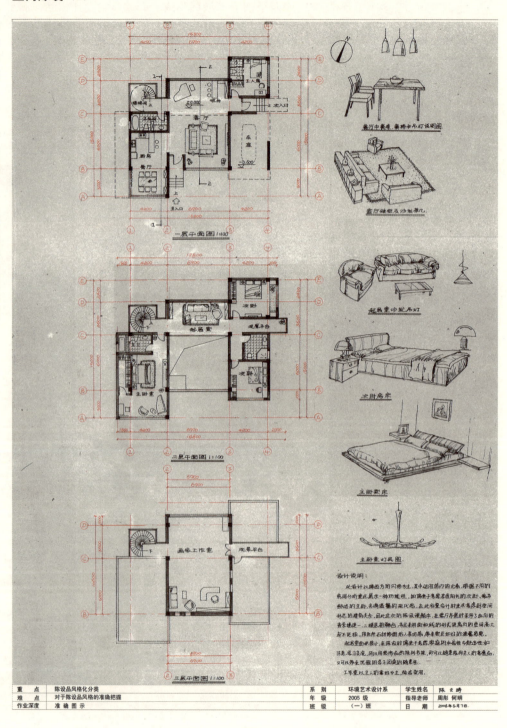

重点	陈设品风格化分类	系别	环境艺术设计系	学生姓名	陈立晴
难点	对于陈设品风格的准确把握	年级	2005级	指导老师	周彤 何明
作业深度	准确图示	班级	（一）班	日期	2006年5月7日

室内陈设（3）

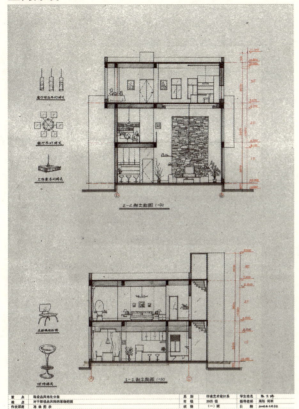

第3周

1. 阶段目标

陈设的风格化设计，强调墙面陈设对室内空间的衬托，并在建筑剖立面图中的表现陈设样式。

2. 作业要求

图示表达：在剖立面图中相应的陈设品位置上索引出陈设品选择示意图，并用编号归纳。强调对陈设品的分类、归纳，以利后期的选择。

阶段深度：方案设计。

室内陈设（4）

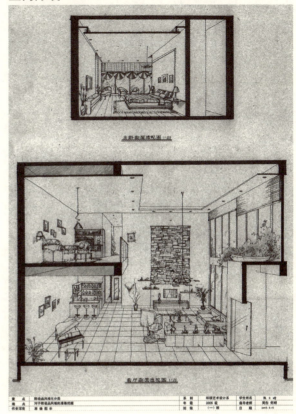

第4周

1. 阶段目标

陈设的风格化设计。强调陈设与空间的相互关系，使学生经历一个由技能方法到空间感受的综合训练过程。

2. 作业要求

图示表达：由剖切面生成的室内透视图，要求表现建筑结构、装修层、室内家具、陈设品的综合布置。

阶段深度：钢笔透视。

课程名称：**室内陈设设计**

主讲教师：**侯佳彤**

女，1964年4月20日生于吉林长春。深圳大学艺术设计学院，副教授。

1994年毕业于哈尔滨工业大学，建筑设计及其理论专业，获建筑学专业硕士学位。1994至1996年在哈尔滨工业大学建筑工程系任教，主讲房屋建筑学等课程。1996年至今在深圳大学艺术设计学院环境艺术设计系任教。

蔡强

男，1958年3月8日出生于辽宁沈阳。深圳大学艺术设计学院，教授。

1982年毕业于北京中央工艺美术学院，毕业后任教于沈阳建筑工程学院建筑系。1996年至今在深圳大学艺术设计学院环境艺术设计系任教。

吴洪

男，1959年7月生。深圳大学艺术设计学院，教授，副院长。

1985年毕业于苏州大学（苏州丝绸工学院）艺术设计学院并留校任教。1994年至今在深圳大学艺术设计学院服装艺术设计系任教。

靳保平

男，1956年2月7日生于陕西宝鸡。深圳大学艺术设计学院，教授、基础部主任。

1984年西安美术学院版画系研究生毕业，获硕士学位。1976年至2004年在西安美术学院任教。2004年至今在深圳大学艺术设计学院任教。

涂星

男，1980年11月12日生于陕西西安。深圳大学艺术设计学院，讲师。

2003年至2005年就读于英国肯特大学艺术设计学院，获获硕士学位。2006年至今在深圳大学艺术设计学院动漫系任教。

彭艳凝

女，1971年10月21日生于四川重庆。深圳大学艺术设计学院，讲师。

1996年至1999年就读于四川美院，获硕士学位。2001年至今在深圳大学艺术设计学院工业设计系任教。

周举

男，1981年7月3日生于吉林长春。深圳大学艺术设计学院，讲师。

2004年至2007年就读于深圳大学，获硕士学位。2007年至今在深圳大学艺术设计学院任教。

一、课程大纲

（一）课程的目标与要求

你给我一个学生，我还你一个环艺人才。

将传统的室内陈设（布局）提升到艺术设计层次与高度。将色彩构成、平面构成、立体构成、人体工程学及现代最先进的虚拟漫游技术手段融入教学中。培养具有综合设计能力的室内设计师。

本课程旨在通过室内陈设艺术设计课程全面系统地讲授，对设计案例分析的体验以及学生的互动交流，使环境艺术设计专业的学生了解一个室内陈设艺术设计项目的工程全部程序，并运用动漫技术虚拟室内了解建筑设计、环艺设计、施工管理的全过程，为环境艺术设计的学习打下一个良好的基础。

（二）本课程与国内外同类课程相比所处的水平

本课程教学编写及网站构建参考了国内外同类课程的最新教学方法，及时补充了一些国内外最新的前沿理论，并融入本课程的教学和研究成果之中，作为开拓学生学术视野，培养学生的思维能力和创新能力之用。从师资队伍、教学方法、学生评价等方面看，本课程均处于校内先进、广东省同类课程上游水平。

（三）网上教学环境

《室内陈设艺术设计》网站：http://jingpin.szu.edu.cn/jingpin2008/shinei/

（四）课程计划安排

教学内容	各教学环节学时分配			
	总课时	讲授课时	课堂讨论	实践与作业
第一章 概论（概念、国内发展史、发展趋势与方向）	6	4	0	2
第二章 陈设设计的类型和选择	7	4	1	2
第三章 陈设设计的原则	6	4	0	2
第四章 视觉构景设计	7	4	1	2
第五章 家具陈设与设计	17	4	1	4
第六章 室内纺织品陈设与设计	4	4		
第七章 室内艺术观赏陈设与设计	4	4		
第八章 屏风类型及其设计原则	2	2		
第九章 绿色陈设与设计	2	2		
第十章 信息陈设与设计	2	2		
第十一章 橱窗陈设与设计	14	4	2	8
第十二章 灯具与光环境设计	4	4		
第十三章 电器设备选型与布局设计	2	2		
第十四章 建筑风水陈设品选择与设计	7	4	1	2
合计	84	48	6	22

二、课程阐述

（一）本课程的主要特色及创新点

将传统的室内陈设（布局）提升到艺术设计层次与高度。将色彩构成、平面构成、立体构成、人体工程学及现代最先进的虚拟漫游技术手段融入教学中。这将使学生在未来的工作中不仅具有扎实的室内设计能力，而且还能够自觉地将色彩构成、色彩构成、平面构成、立体构成、人体工程学理论运用于设计中，即将艺术与技术有机结合。同时课程中采用虚拟漫游技术，这是一项建筑与室内设计未来发展的主要手段之一，能够使学生跟上时代前行的脚步。

室内陈设艺术设计是一门涉及知识面较广的课程，为了使同学们在有限的学时里以最短时间了解室内陈设艺术设计的程序，多次带领同学到特色别墅小区及典型设计案例现场参观考察。经常到百安居、宜家家居广场、艺展中心等建筑专业大卖场调研。采用 "双师型"办学模式，与"深圳十人"、深圳市建筑总院和J&A姜峰室内设计有限公司及美尚林模型公司联合办学，并且利用学校的素质教育基地3号艺栈和设计部落实习，进行实际操作，加深对室内陈设艺术设计程序了解，同学们积极参与，不仅丰富了课堂教学，并且取得了显著的效果。

（二）本课程目前存在的不足

本课程不足点主要有以下两点：

一是教材建设。尽快将配套教材出版。

二是双语课程推广速度较慢。教学课件多为中文制作，国外学术前沿英文拓展资料还不多，考虑到学生的外语实际水平，双语课程推广较慢。

（三）课程的重点、难点

重点是第七章室内艺术观赏陈设与设计。

难点是第十二章灯具与光环境设计和第十三章电器设备选型与布局设计。

（四）解决方法

通过课堂讲授、案例研讨、研究性学习、利用多媒体教学、设计师与学生现场互动交流等多种方式，激发学生的学习兴趣，强化对理论和方法的理解，鼓励学生不但向教师和书本学习，更要重视向实践学习、同学们之间的相互学习。形成一种刻苦钻研理论、师生交流互动、"第一课堂"与"第二课堂"紧密融合的良好学风和氛围。

（五）实践教学的设计思想与效果（不含实践教学内容的课程不填）

1. 横向联合教学

本课程利用深圳特区的特有条件，与房地产开发公司及设计院合作设计项目，使同学们从中得到锻炼。同时，学生也为学院争得了荣誉。引导学生开展自主发现和探究式的学习；近几年来以实际设计案例和国内外的设计为背景选题，先后指导百余名学生在国内的各类大赛上获奖。学生们不仅得到了锻炼，也为他们未来步入社会打下了一个良好的基础。还利用师生网上互动交流系统开展相互协作式的学习。

2. 结合教学内容，灵活应用不同的教学模式

课程设计从大众教育的实际出发，在原来常规的讲授型教学的基础上，采用案例型、探究型、小组协作型等多种教学模式，穿插使用在不同的教学阶段，利用各种不同媒介可实现"双师型"、"一对一"、"一对多"及"多对多"不同形式的教学，收到了良好的教学效果。

3. 参观实习，市场调查

（1）全部课程资源已经上网，但需进一步完善。

（2）促进学生主动学习的扩充性资料使用情况：

为促进学生主动学习，在学习指定教材的基础上，课程组为学生提供了大量的扩充性学习材料，包括相关学术论文、理论前沿跟踪、中外室内陈设艺术设计案例以及室内陈设艺术设计网站等。

（六）课堂录像（课程教学录像资料要点）

第一章 概论（概念、国内发展史、发展趋势与方向）（主讲人侯佳彤）

第二章 陈设设计的类型和选择（主讲人侯佳彤）

第三章 陈设设计的原则（主讲人侯佳彤）

第四章 视觉构景设计（主讲人侯佳彤）

第五章 家具陈设与设计（主讲人侯佳彤）

第六章 室内纺织品陈设与设计（主讲人侯佳彤）

第七章 室内艺术观赏陈设与设计（主讲人周举）

第八章 屏风类型及其设计原则（主讲人侯佳彤）

第九章 绿色陈设与设计（主讲人侯佳彤）

第十章 信息陈设与设计（主讲人彭燕凝）

第十一章 动漫与室内陈设艺术设计（主讲人涂星）

第十二章 橱窗陈设与设计（主讲人吴洪）

第十三章 灯具与光环境设计（主讲人侯佳彤）

第十四章 电器设备选型与布局设计（主讲人侯佳彤）

第十五章 建筑风水陈设品选择与设计（主讲人侯佳彤）

三、课程作业

深圳大学艺术设计学院

2006051165 魏桂芬	2006051181 韩治斌	2006051215 孙燕	2006051167 陈瑜
2006051183 孙忠水	2006051174 郭聪	2080080214 徐琪	2006051214 于春晖
2080080215 陈红强	20070080210 汪杉	2080080208 许洁	2080080216 曾一芳

评语：
　　学生在"小空间大联想"的基本设计思路之上，自拟空间主题，根据不同的空间特性及其服务对象选择合适的陈设风格，同时在家具设计方面遵循多功能原则，很好地体现了设计的多样性。

课程名称：**家具设计**

主讲教师：**潘召南**
男，1965年4月生于成都。
四川美术学院设计学院副院长、兼四川美术学院艺术实验教学中心主任、教授。
1983年考入四川美术学院工艺美术系，1991年9月至1992年1月在北京中央工艺美术学院进修装饰艺术设计。2000年10月至2001年1月赴法国巴黎考察学习景观设计和旅游产品。2003年11月赴法国巴黎考察六所设计学院。

一、课程大纲

（一）课程目的与要求

教学目的：
基于家具在人们生产、生活，及空间环境中的重要性而开设的家具设计课程，有两个重要教学目的：
1. 使学生了解家具的作用与家具设计的基本设计原理，掌握家具设计程序和材料运用的手段，正确理解功能与形式的意义，并能将所学的理论知识灵活地应用于设计实践之中。
2. 启发学生对社会生活的观察能力和思考能力，在面对丰富的生活需求中发现设计的问题和思考解决问题的方式，并培养学生用创造性方式解决问题的能力。

教学要求：
根据教学目的，让学生展开广泛的市场调查，让学生切身体会到家具在我们日常生活中的重要性，并对各种家具的种类、功能、风格、材料有所了解。要求学生在市场调研后开展课堂专题讨论和设计练习，让学生以设计的视角去寻找室内生活中关于家具的各种功用与问题，并通过讨论找出解决问题的办法，体现在设计实践中。

（二）课程计划安排
根据教学大纲要求和课程周期情况，确定本课程内容安排。本课共70学时（四周），分为三个阶段：
第一阶段：
讲授家具设计理论、设计风格和设计方法，安排调研程序以及调研内容，组织学生进行针对性市场和环境调研，并拟出调研报告。根据调研报告展开课堂讨论，结合作品案例分析，提出解决问题的设计构想，选择家具项目进行方案设计，可完成一个室内空间的家具配套设计方案，或完成一件家具的设计方案。制定制作模型时间计划表，并完成制作模型经济预算（第一周和第二周）。
第二阶段：
根据设计方案及预算按照自己的时间计划表制作一套在室内空间中的家具模型（可按同比例缩放），或制作一件等比例家具模型，并针对实体模型组织专题讨论（第三周和第四周）。
第三阶段：
根据模型方案和研讨结果设计一套详图，要求完成所设计家具的竣工图，附一篇设计说明，并完成制作模型费用的结算，最后进行课堂总结，分析、评估进行情况和存在的问题（第五周）。

（三）课程作业内容
前期：1. 根据实际调研完成一篇500~800字的调研报告。2. 按照步骤完成学习日志。3. 完成设计方案草图的绘制。4. 完成制作模型的时间计划表。5. 完成制作模型费用的预算。
中期：1. 完成实体模型的制作。2. 完成制作模型费用的结算。
后期：1. 完成所设计家具的竣工图，要求透视效果图、平面图、立面图和剖面图，并附设计说明一篇。2. 完成课程总结一篇。

（四）考核标准
考核标准实行百分制，前期、中期、后期的作业各占30%，预算费用如没有超出结算费用则加10%，若超出则不加。具体评分标准如下：
前期：调研报告10%（是否充实、详尽、准确）、草图方案5%（是否合理、表达是否清晰）、学习日志5%（是否详细）、制作模型时间表5%（时间安排是否得当、是否按照计划进行）、制作模型费用预算5%（预算是否全面、相对合理）。

中期：模型的实体制作25%（比例、尺度、形态、材料、色泽、创意）、完成制作模型费用的结算5%（结算是否准确）。

后期：竣工图10%（是否完整、规范）、设计说明10%（是否表意明确）、课程总结10%（是否深刻）。

二、课程阐述

（一）课程内容

设计的原点是什么？准确地说是需要。因为需要，我们想方设法去得到满足，这便是设计。不同的需要要求不同的设计来满足，因此我们需要依赖设计。寻找需要的条件是设计的基本依据，在什么地方寻找？依据就在生活中，就在我们的身边。

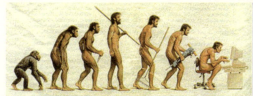

需求衍生设计？

穷人需要什么？富人需要什么？健康的人需要什么？病人需要什么？

需要带来了什么？　　　世界需要什么？

（二）讲授家具概念，使学生明白家具与室内功能的空间关系　　（三）讲授家具的作用

行为	活动内容	相关家具	相关空间
衣	更衣、存衣	大衣柜、小衣柜、组合柜、五斗衣橱、衣箱	住宅卧室、门厅、贮藏室、宾馆客房、浴室、更衣室
食	就餐、烹饪	餐桌、餐椅、餐柜、酒柜、吧台、清洗台、料理台、食品柜、灶具。	住宅餐厅、各类经营餐厅、酒吧、住宅厨房、各类经营厨房
住	休息、餐饮、阅读、睡眠。	沙发、组合柜、茶几、桌子、椅子、床、衣箱、梳妆台、写字台、婴椅	住宅、公寓、宾馆客房
行	休息、餐饮、阅读、睡眠	便携坐椅、小桌、折叠床、床、椅子	车、船、飞机
工作学习	读书、写字、办公	写字台、椅子、书柜文件柜、工作台、电脑桌	住宅书房、学校教室、设计室、办公室、写字楼
其他	娱乐、会议、购物、售货	沙发、安乐椅、茶几、会议桌、椅、柜、桌、货柜、货架、陈列柜	住宅客厅、接待室、会议室、公共娱乐空间、商店、展示空间

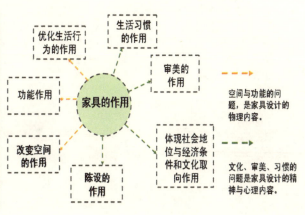

空间与功能的问题，是家具设计的物理内容。

文化、审美、习惯的问题是家具设计的精神与心理内容。

（四）讲授家具的材料与生产工艺

1. 材料是制作家具的主要条件，不同的材料需要不同的工艺技术和结构关系，使之形成不同的家具功能与形式效果。现代家具在材料的使用上制作工艺早已超越了传统的局限，以各种天然材料与人工材料，结合现代机械生产手段，制作出大量形式丰富、种类繁多的家具产品。目前制作家具通常用的材料分为木制、金属、塑料、藤编四大类。

2. 生产方式：手工业生产方式、基本机械辅助生产、自动化生产方式。

3. 成型工艺：支架式、板式、塑模式、软体式、混合式。

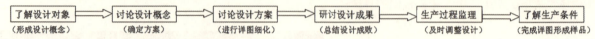

（五）讲授家具设计及制作过程

了解设计对象（形成设计概念）→ 讨论设计概念（确定方案）→ 讨论设计方案（进行详图细化）→ 研讨设计成果（总结设计成败）→ 生产过程监理（及时调整设计）→ 了解生产条件（完成详图形成样品）

（六）教法的创新与特色

以家具设计理论讲述结合优秀作品分析，市场调研结合专题设计研究，明确家具设计的针对性和市场作用，强调家具设计与室内空间设计的紧密关系。并打破一般先画详细图纸再做模型的方式，从而避免学生被过早的图纸束缚住自己的想法。以逆向的方式执行课程程序，即讲授——调研——问题发现——概念方案提出——模型制作——照模作图。以实体模型展开具体讨论，并根据实作绘制详图。

通过讲授、市场调研和模型制作，提高学生对家具的认知和理解，并运用适当的材料完成模型制作，从而达到对学生动手能力技能的培养。通过概念方案到实体模型的制作完成再到竣工图绘制完成，来达到对学生从二维图纸到三维空间的相互转换专业技能的培养，并通过不断讨论、推敲、修改方案来培养学生的创新能力。通过制定模型制作时间表和制作模型费用预算与结算表使学生树立效率意识与成本意识，使学生明白一个超时、超预算的设计并不是一个好设计，同时，通过让学生集体制作、相互讨论、分工协作完成，来达到对其树立团队精神的培养。

在开课伊始，便要求学生对每做一步工作进行详细记录，并最终整理、汇总，这样一方面便于学生对家具设计、制作流程有更为深刻的感受，另一方面，通过对自己文献的管理便于提高学生的综合素质。

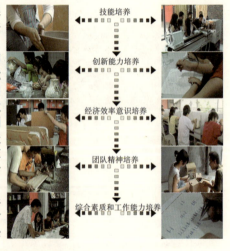

技能培养 → 创新能力培养 → 经济效率意识培养 → 团队精神培养 → 综合素质和工作能力培养

计划与日志

模型草图

模型草图效果

简易模型

模型

竣工图

三、课程作业

评语：
　　这是一套办公桌的设计作品。该生在思考这件作品的时候，仔细的观察和体验了办公室内的日常生活，较好地运用了多种材料的组合，并且对办公家具进行了改进，"L"形办公桌，可倚可靠的窗前凳子，都使家具功能进一步得到发挥，但同时需要更多考虑到舒适性的问题。

评语：
　　作品以积木的形式呈现，将娱乐性与实用性有机地结合起来。卡通化的艺术处理，满足了特定环境下的需求。可以拆装的像积木样的家具在使用时可以调动小朋友的兴趣，培养他们的动手能力。但作品应充分考虑到其所面对的群体，因此，在安全性上还应进一步完善，同时对于色彩的应用，亦需仔细斟酌。

评语：
　　该作品将生活中常见的材料进行了陌生化处理，作者通过对元素的重构与拼接，赋予了人们一种全新的解读方式。同时，我们从中也可体察出作者的环保意识，迎合了当下的设计理念。但作为设计，应充分考虑到作品的实用性及可操作性，这正是该作品的不足之处。

评语：
　　这是一件获奖作品。无论从形式上还是色彩上，都透露出点中国风的味道。作者巧妙地运用中国传统的手工艺元素，与工业化大生产的铁质衣架相结合，这一极大的反差，让观者产生了无尽遐想，有极强的装饰味道，但实用功能并不是很强，缺少一定的稳定性。

课程名称：**家具设计**

主讲教师：**周丽霞**

女，1982年，东北大学院艺术学院艺术设计系，助教。

2001年至2005年就读于鲁迅美术学院，获学士学位。2005年至2007年在清华大学美术学院环境艺术设计系，获硕士学位。

一、课程大纲

（一）课程目的与要求

本课程是环艺专业的基础课，计划周数为四周，课题选择要求学生研究校园环境空间家具设计。通过课程学习和深入的研究实践，帮助学生明确：家具功能材料、校园环境使用习惯、家具特色创新。课程的具体要求为：选择合理的设计切入点，确定家具设计的形象和创意。确定家具设计的基本功能和具体分析，学生能对家具各部分功能和材料进行深入设计，解决尺度、功能和装饰问题。

（二）教学要求和目的

（1）按照家具设计的使用功能要求进行设计、功能组织；确定使用习惯和具体的制作；考虑家具使用的方便安全、心理需求、形式及与环境的融合设计。

（2）将使用功能与家具特色的创造有机地结合在一起，创造舒适的家具体量和造型；表达艺术设计专业的学科特点和专业特殊性。

（3）在空间设计中合理使用恰当的造型、色彩和材料进行家具设计，体现校园环境家具设计的特点和家具设计的创新性。

（4）学习家具设计与环境空间结合的设计处理方法，深入理解设计方法论和具体的设计手段，并注重体现人性关怀的装饰处理手段，设计中突出校园空间环境中应提供的归属感以及家具设计要解决的实际问题。

（三）课程作业要求

1. 功能要求

（1）分析调研

① 在校园中选择综合楼与图书馆以及室外空间环境作为调研目标。在调查中可以使用访问以及问卷等手段，要求发现空间家具的使用功能、在使用中的问题和实际中存在的功能不完善的缺点和不足。

② 在材料市场和家具卖场调研目前家具设计的常用材料和装饰构件，了解各种家具材料的性能和使用情况；总结家具的造型和功能之间的关系，分析使用材料和家具设计的趋势。

（2）家具功能：解决调研中发现的问题、完善使用（具体形式自定）、家具功能的结合、完善空间设计和使用中的不足，要考虑家具在校园中的使用特点。

（3）形式与造型：具体功能和尺度自定、形式和造型可以自由组织。

（4）材料要求：材料使用尽力配合校园环境和空间特点，可以适当创新。

（5）与环境的关系：家具有合理的功能，能与周围环境进行良好的沟通。

2. 设计要求

（1）室内、室外家具各一套设计方案，一草为铅笔或钢笔手勾线，确定家具设计的大体形象和基本功能、主要的立面、主要剖面、主要部位的制作手法和工艺。

（2）二草按比例用铅笔或钢笔工具绘图，文字、材料和尺寸标注，深入探讨家具设计的具体设计细节，画效果图透视稿，版式设计初稿。

（3）正图8张：家具三视图；主要剖面，彩色渲染图不少于3张（手绘、3D效果图均可），局部节点详图1~2个穿插在版式构图中。

（4）设计深度达到"概念设计"水平（创新技术材料的可实践性可不做深入设计）。
3. 图纸要求
　　手绘一草、二草过程图；家具功能和形式的分析、形象思维过程、功能分析图；家具在实际空间中的不同使用方式；文字说明100~300字；家具三视图，主要剖面，节点详图；彩色渲染图不少于3张，角度和表现方式不限。上交调研报告和调研问卷，作业图版为A2展板2张。

　　（四）课程计划安排

课次	教学大纲分章和具体内容	学时	作业、辅导、调研	学时
第一周1	第一讲 家具设计概述 家具设计的基本要素、宏观要求、功能与审美要求、设计类型	4	参考书《家具设计学》案例收集	课外4
第一周2	第二讲 家具设计的材料 常用材料、辅助材料、加工工艺、质地、外观质量、表面装饰性能	4	参考书《家具设计》材料基本特征\材料创新\家具的材料特点	课外8
第一周3	第三讲 家具设计的制作工艺 木家具、金属家具、软家具制作工艺	4	调研：造型材料\尺度\人体工学	课外12
第二周4	第四讲 家具设计与室内设计的关系 家具与环境相互制约、功能弥补和完善、设计思维创意；形象思维方法、逻辑推理和想象、生活方式和家具设计关系	4	辅导、设计理念和家具功能确定	课外12
第二周5	第五讲 家具设计的主要流派 世界著名的家具设计展赏析	4	确定家具功能\《家具设计基础》	课外12
第二周6	第六讲 家具设计的发展趋势 新装饰主义、经典设计、工业设计保护	4	收集资料、总结分析家具设计细节	课外8
第三周7	第七讲 家具设计的创新思路 建筑设计与产品设计对家具的影响、中国家具设计的传统文化支撑	4	结合环境考虑，完善家具功能需求、完善空间的功能设计	课外8
第三至四周	辅导\交流评价\个案剖析\组织展览	4	深化设计、完善家具设计细节	课外8

（五）考核标准
《东北大学校园家具设计》评分表

项目	内容要求	分值	得分
图纸数量完成情况	三视图、节点详图、主要剖面、彩色渲染图多于3张	10	
	调研分析和调研报告	20	
构思创意	立意新颖、构思巧妙、体现风格创意，表达气氛和意境	25	
设计表达图面质量	版式设计清晰、效果图透视、线条、色彩	5	
	制图规范、标注、比例、剖面节点、标高、文字标注	5	
使用功能	功能合理，体现校园环境特色，完善空间不足	15	
工艺材料	构造合理、可操作性强、材料运用合理、标注完整	10	
技术细节	材质、尺度、心理等问题考虑周到，设计细节达到要求	10	

二、课程阐述

家具设计课在本校环境设计专业体系中具有一定的重要性和独特性，主要研究家具的材料、造型、功能创新和空间环境的关系。家具设计课是整个课程体系学习由浅至深的必要阶段，课程目标要使学生达到对空间家具元素的深入理解和完善校园家具功能的设计目标。学校对本课程的计划周数为四周，课程计划全面、紧密地结合本专业的学习情况和需要进行课程安排，对整个的授课程序有进一步的探讨和实验。

课程内容设计、学习方式和作业形式的安排都尽力贴近学校学生的学习生活情况，方便全面而深入地分析功能和实际调研。课程作业选取学生熟悉的校园环境作为调研目标，学生针对身边存在的学习家具的现实使用情况进行仔细分析，结合问卷调研和访问能够较易地发现家具使用中产生的不便和具体的设计方法。课程在讲授基本的家具功能设计、材料、制作工艺相关知识之外，重点分析家具与环境设计的关系，培养学生的设计方法和创意思维。

课程中注意结合现今的家具设计发展趋势，引导学生的设计创新思路。对作业的要求比较宽泛，不限制学生的想像和发挥，鼓励大胆的创新。全程跟踪学生的调研和分析过程，通过细致的空间草图设计和分析，直观体现空间功能的想法和认识，全面地联系课程内容，通过作业能轻易地反映学生对于课程内容的理解方式和具体思路，取得了良好的授课效果。

教学模式：
1. 根据课题研究内容确立教学计划、教学强度、辅导内容和作业形式等。
2. 课程强调打破思维定式，甚至能够以"异想天开"的方式组合各种元素，开发创造性思维模式。
3. 增强学生的竞争意识：课程结束后会选择优秀作业进行展览，在教学活动中把学生必须掌握的各项知识通过组织参加展览的竞争，开展具有针对性的教学、设计操作、能力考核，通过刺激学生的竞争，开展系列性的家具设计教学活动。注重培养学生的良好设计素质，强化导师的指导环节。
4. 大量反复修改与创新训练，最大限度发挥学生想像空间，贴近课程要求。
5. 教学总结和作业点评，对学生运用和实践操作进行总结，通过作业间的对比与分析使学生明确作业中的不足，促进学生的设计思维、设计能力的提高。

新颖的教学模式有强烈的针对性，突破了传统教学方式的局限。提高了家具设计教学质量并且充分挖掘学生的创造能力，同时这种创新教学方法和形式所形成的学生的主观参与意识、竞争意识在很大程度上提高了学生的学习热情，不仅完成了家具设计课的教学目标，而且使学生对整个环境设计专业的理解更加深入。

三、课程作业

评语：
　　设计方案能够从调研报告中所总结的校园家具的实际使用问题出发，切实地考虑大学校园里学生在各个地点随时随地学习的使用需求，很好地解决了学习座椅在实际使用过程中的便携要求，并且能够与学生学习习惯相结合。但是，家具所使用的材料和造型有些生硬，形成背包的尺寸和实际使用所需的大小有些冲突，折叠的角度在实际使用中易产生疲劳和不便，细节设计若能够再进一步的探讨和完善效果会更好。

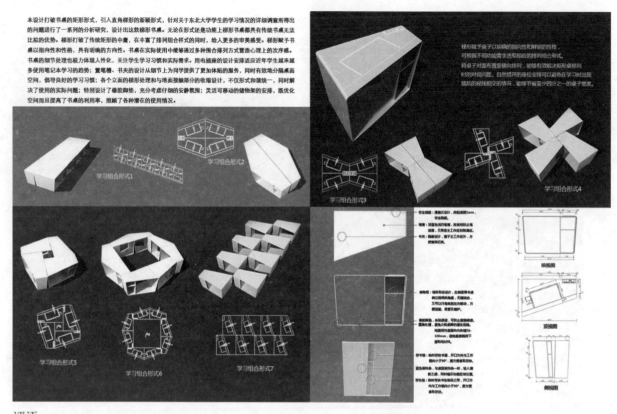

评语：

方案仔细分析校园家具的使用情况，从标准化的学习桌椅在实际中的使用不便入手，仔细考虑学生学习过程中对于学习环境的功能和心理需要，将家具设计的造型和使用者的心理结合考虑，创造出满足学习中的私密、心理、安静等需求的书桌设计。并且能够考虑家具在实际使用中的书桌组合方案，避免多人使用中的视线交错和学生学习过程中的彼此干扰，能够切实地从学生学习情况出发解决问题，是一个考虑比较成熟、功能比较整体的方案。

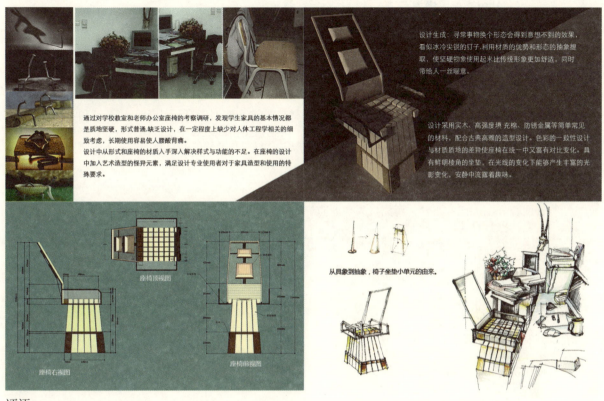

评语：
　　设计针对解决艺术学院学生的学习家具在使用中的问题，主要考虑设计专业使用家具的个性化和舒适化特点。设计思路从坚硬的钉子形象进行抽象分离，变化发展以柔软的单元体块重新诠释对座椅固有形象的理解；结合家具设计的功能要求协调整体不同体块的组合变化，达到一定的设计效果。但是设计主要倾向于形式考虑，使用需求没有得到全面满足，柔软的材料和生硬的造型有些冲突，应适当调整。

课程名称：**家具设计**

主讲教师：**张天臻**
女，1981年，中国美术学院环境艺术系助教。
1999年9月～2003年7月，就读于中国美术学院环艺系，获艺术设计学士学位。
2003年9月～2006年7月，就读于中国美术学院环艺系，获艺术设计学硕士学位。
2006年9月～至今，留校任教于中国美术学院环境艺术系。

一、课程大纲

（一）课程目的与要求
根据每位学生确立的设计定位，在综合功能、材料、构造和造型诸方面因素后，以图纸和实物模型的形式表现出构想和理念。在课程中要求学生在动手制作凳子实物模型实践过程中掌握在家具设计中正确的思维方式、科学的程序和工作方法；强调对人体工程学、自身的需要、材料和节约能源材料的结构上的研究。

（二）课程计划安排
课程共四周，安排如下：
第一周：
1. 课程介绍、任务布置、历届优秀作业点评
2. 座椅家具设计理论授课
椅子的分类、构成和设计、椅子的人体工程学应用、椅子造型设计的方法与步骤、对现代家具设计大师的认识
3. 家具市场调研、搜集设计资料
第二周：
1. 确定设计定位
2. 多个方案草图比较
3. 制作多个方案1∶5工作模型
第三周：
1. 作决定——用哪个方案继续下去
2. 方案定稿
3. 1∶1纸质模型制作
第四周：
1. 绘制1∶5三视图
2. 完成1∶1实物模型制作
3. 完成设计总结文本

（三）课程作业内容
第一，A3短边见方(29.7厘米×29.7厘米)
1. 市场调查报告
考察感想和测绘图纸（图纸要交代至少3把椅子的类型、尺寸和材料）
2. 方案过程记录
方案构思过程草图、1∶10／1∶5工作模型比较过程、1∶1实物模型制作过程记录（要求图文并茂）
3. 最终成果
设计说明、三视图（平面、正立、侧立、剖面图）比例1∶5、透视效果图、1∶1实物模型成果展示（各角度实物模型照片、附带文字说明）、制作成本结算、课程小结（从设计定位→设计成型→模型制作实践的心得体会与总结）
第二，1∶1实物模型制作
第三，作业打包备份光盘一份

（四）考核标准

以设计文本+作品实物模型展示的方式在集体统一讲评后评分。平时占20%，工作模型20%，教研室集体评分60%。

二、课程阐述

（一）课程内容：课程专注于对材料、尺寸有所约束的凳子设计

要求学生使用厚度≤6毫米的板材进行450毫米的凳子设计。要求每一位学生在给定的家具尺寸和材料厚度范围的前提下，在开始设计一个座椅家具之前，在保留他们丰富想像力的同时，永远都很重要的一点就是要对人体工程学、自身的需要、材料和节约能源材料以及可以方便地拆开或者组装的结构上进行研究。

1. 围绕本次课题需要思考的三个问题

哪个材料我可以用？材料最节约的程度能做到怎样？材料的循环利用——可再生材料，节省材料（在稳固的前提下），使用可持续、循环利用的材料（尽可能可以回收、利用）。

2. 围绕本次课题的需要攻克的两个难题

不能粘黏的前提下，通过结构穿插和咬合，怎样让6毫米的薄板产生最大的牢固程度，可以承载一个成人的重量。如何做到非常方便地拆开或者组装，从而最大程度地节省空间。

（二）教学的特色方法

1. 本课程的教学要求学生做好三步走

事先调查——让学生对已有的解决办法进行家具市场调研和评论：什么不好、什么还可以改善、什么可以使之改变。

2. "意识"问题

尝试尽可能确切地去了解以下四大问题：

Where（哪里）——行为发生在什么地方
　　　　　　——在哪个建筑的空间里（室内/室外）
　　　　　　——居住空间的状况——有哪些空间关系是现有的（入口 - 衣帽间 - 厕所）

Who（谁）
　　目的对象　——儿童 / 成人
　　　　　　　——男人 / 女人
　　　　　　　——年轻人 / 老年人
　　经济状况　——大学生 / 中小学生
　　　　　　　——中产阶级
　　　　　　　——上流社会
　　社会地位　——社会地位象征
　　　　　　　——家庭

What（怎样）——使用过程

将活动尽可能准确地拆分，使用者在进行该行为时，之前和之后是什么行为，从而引出功能。

思考两个问题：

（1）物体都要用来干什么（2）使用者还有什么要求（附加功能）

强迫性的功能——必须、附加功能——可以、进一步的功能——如果，就更好。

When（时间）
　　事件因素：什么时候进行该行为、有多频繁、时间多长。

3. 确立任务

收集资料：人体工程学——尺寸、物体——尺寸、行为——模式

（三）设计步骤：（始终强调创造性和创新性）

1. 最初的想法表现，按比例的草图 1∶10
2. 设计多个方案，平面图（顶视图）1∶5、侧立面1∶5、剖面 水平 垂直、细节考虑、工作模型比例1∶10、1∶5、1∶7.5
3. 作决定——用哪个方案继续下去

4. 彻底完成设计（包括结构和细节）
　　—— 精确的模型 1∶10，1∶5，1∶7.5
　　—— 结构绘图　　　1∶10至1∶1
　　—— 大模型 1∶1 的整个设计以及细节、参与者的使用说明
5. 模型1∶1 = 原型（完整的最终设计总结）

三、课程作业

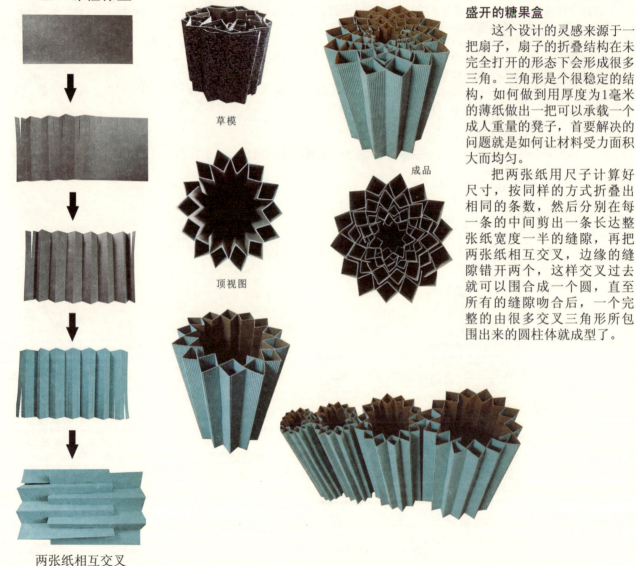

草模

顶视图

成品

两张纸相互交叉

盛开的糖果盒

　　这个设计的灵感来源于一把扇子，扇子的折叠结构在未完全打开的形态下会形成很多三角。三角形是个很稳定的结构，如何做到用厚度为1毫米的薄纸做出一把可以承载一个成人重量的凳子，首要解决的问题就是如何让材料受力面积大而均匀。

　　把两张纸用尺子计算好尺寸，按同样的方式折叠出相同的条数，然后分别在每一条的中间剪出一条长达整张纸宽度一半的缝隙，再把两张纸相互交叉，边缘的缝隙错开两个，这样交叉过去就可以围合成一个圆，直至所有的缝隙吻合后，一个完整的由很多交叉三角形所包围出来的圆柱体就成型了。

1:1 成品模型

　　按照这个原理,将其尺寸按比例缩小后,做出相同的三个套环,将它们从大到小套在一起以后,就可以作为一把牢固度很强的凳子来使用了。
　　凳子的纸盖每一个边角都要与凳子的面贴合,不仅增加凳子的牢固度,外观上也比较统一。盖子的制作要精准到位,首先要用圆规画出凳子外圆尺寸的大小,然后将圆的边角按照凳子坐面上突出的角裁两刀,使其可以向内折,然后就可以把盖子插进凳子的凳身上。
　　作者将1毫米的薄纸,经过创新性的裁剪、穿插,神奇地设计出了一把能够承受一个成年人重量的凳子。作者用最少的材料、最环保的材料和最低的花费,创造出了最多的"快乐"。这种独特的创新与钻研的学习主动性,是不可多见的,值得表扬与肯定。

翘二郎腿的椅子

从坐姿出发的构想

当人们在使用电脑或写字时往往重心前移，以手肘接触桌面，若腿向内弯曲，常会习惯性地搭在撑档上，但多数的撑档只为承重和加固作用，往往高度和接触面都不适宜于做腿搭。

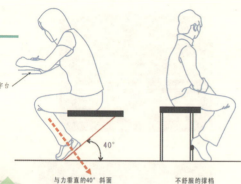

材料：细铁丝
比例：1：10

形态模型：
从坐姿本身的形式出发的构想
用一根铁丝弯出各种形态的腿的姿势

最终确定了二郎腿和双腿向内并拢两种姿势
进行下一步的深入拓展

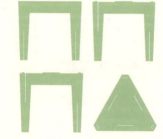

结构模型：
——承重测试
比例：1：5
结构：插接
材料：1mm白纸板
尺寸：450×450×450[mm]

作者用翘二郎腿的形态生动、形象地刻画了椅子使用者轻松惬意的坐姿。三个独立的构件围合成相互穿插、咬合的三角形，使得椅子的结构相当结实。做到了稳定性、舒适性和外观美的统一。

形态一：
[雏形] 所有凳腿都是由直线构成，有形象的高跟鞋。不足之处是转变得太直接，由很统一的直线忽然变为很具象的鞋。在拼接的形态上两条腿靠的太近，以至于腿的姿势不是十分自然。

形态二：
[改良型] 凳腿仍由直线构成，保留腿的意向和坐姿。去掉了鞋子，加强了整体的统一感。调整腿的间距。不足之处是其中一条腿收的太靠里了，因而腿的姿势仍不够完美。

形态三：
[完成型] 将腿的线条用曲线勾勒，使腿的姿态更为自然。同时也把整体的凳腿改纤细了，并再次调整了拼接的间距。

草模：
比例：1:5 正模[三个]
材料：1mm纸板
尺寸：351×358×410[mm]

1:1成品模型

制作过程

绘制CAD图——精雕——打磨插口[60°& 30°]——上色——贴脚垫——上蜡——完成

平立面图

课程名称：**中国传统室内设计**

主讲教师：**孙锦**

女，1972年生于天津，天津美术学院环境艺术系讲师。

1995年毕业于天津美术学院工业设计系环境艺术专业学士。同年进入天津天美室内外装饰有限公司，从事环境设计师工作。2000年任教于天津美术学院环境艺术系。2005年毕业于天津美术学院环境艺术系研修生班。

一、课程大纲

（一）课程的目的与要求

在多元化的设计领域中，世界注视着中国，关注着中国设计师的崛起，作为学习者，面对中西文化的交融，忠实于中国传统的哲学、文化、艺术特色，掌握"传统室内设计"艺术特征、创作手法、装饰元素（图1），加上现代的设计语汇与时代的中国相遇、相融，以"格物穷理，知行合一"的学习方法，引导学生思考本源，将历史、记忆、时间、空间、语汇演绎成自己的创造力，使中国魅力异彩纷呈，来传达 中国设计者"厚人伦，美教化"的职责。

图1

该课程是环境艺术学的必修课程，首先要了解中国传统室内发展史，清楚我国民居发展的形态与室内外特征，重点掌握明清时期构造技术与艺术及其空间意趣的处理手法，从而启发设计者如何继承传统文脉中的精髓与推陈出新，创造带有时代感、展现民族精神的室内空间，使其独树一帜的中国传统室内设计风格发扬光大，对现今持续发展的总目标有一定的研究性，以中国文化为根基与现代设计手法真正结合（图2）。

图2

（二）课程计划安排、作业内容、考核标准

课程计划为六周较合宜，通过电脑课件教授，学生将进行基础理论学习、考察或优秀案例分析，交出汇报成果，作为习作中一部分，加上完成一个规定面积内，不定空间特性与用途，要以中国传统室内为创作题材的非命题体裁的非命题设计方案的表现，其间还有一幅对传统元素的绘制临摹三方面来完善课程学习，从而发现与解决传统室内设计学习中所出现的相关疑惑问题。

传统室内设计作业要求：**三份作业合计100分制**

作业1：自行收集资料，在第二周初交一份有关中国传统室内设计的优秀案例分析，要求图文并茂，

不得少于1000字,手写或打印文案均可。(占百分比20分)

作业2:徒手绘制立面图两张,统一在一张A3页面中,内容为:门的式样、窗的式样、隔墙式样或家具等传统式样。可统一选一项或两项内容。(占百分比10分)

作业3:在一面积(100~150平方米)的空间内自拟题材,包括餐饮、酒店、居住、办公等空间,以中国传统室内设计为要素进行室内装修设计。(占百分比70分)

1. 平面图与顶棚图、2个主要立图要求标注尺寸、材料和图框。(占70分中20分)
2. 3~4张正式表现图(电脑制作、钢笔着色等不限,其中至少有两张徒手表现图)。(占70分中30分)

    透视准确、表现深入完整;画面构图、A3页面构图图文并茂、表达完整。
3. 每轮草图创意稿附进装订册中。(占70分中10分)
4. 设计创意与分析需500字以上。(占70分中10分)

二、课程阐述

对"传统室内"的提炼与突出,就是掌握该课程学以致用的重点,也是传统与时尚对接点与创意点。涉及内容:建筑体系、隔与围的艺术、装饰图案、空间艺术、木构技术这五大方面来升华与明确设计固有的规律与法则,发挥其传统自身的趣味性、创造力。利用好这些丰富的设计资源,兼容并蓄、博采众长,不仅与国际风格并融,而且有勇气使本土设计让世界接受。

1. 中国室内设计的历史演变——最古老、最长寿的建筑体系(图3),中华文化血脉相承,四千余年一气呵成,自觉地融入到设计理念与工程实践中。(6课时)

2. 中国明清建筑内部装修艺术(10课时)

中国古建内部装修概况以及明清建筑内部装

图3

修隔断作为灵动的隔的艺术与虚拟的围的艺术:隔墙(碧纱橱、几腿罩、落地罩、落地花罩、栏杆罩、床罩、圆光罩、八角罩、博古架、太师壁、屏风、帷帐等12种不同形式隔的处理),格门(门窗应注意寓意丰富、排列有序的窗棂条图案)(图4)、室内裱糊(天花、卷棚、藻井)、栏杆、铺地、油饰彩画、

匾额、对联与文字艺术。

图4

3. 室内家具艺术与陈设(6课时)

古代家具概论、明清家具陈设、分类、结构、选材、装饰艺术特征、各类房间陈设与室内配置、房间风水、习俗心理与家具摆设的关系、建筑装饰图案设计(装饰图案直接反映民族的生命意识):图案构成、吉祥图案、图案符号化与现代感趋势(图5)。

4. 中国建筑之室内空间艺术："最好的建筑理论在中国"，强调"空间——空的部分——应当是建筑的主角"。"命题在空不在实""虚实相生"以形散而神聚的灵透空间，意趣在于合而不闭、隔而不断的循环流动空间特性。不同功能的室内外空间组合又具序列化跌宕，与层次的幽深。（4课时）

室内空间形态；室内与院落的空间形态；室内空间的处理手法。

图5

5. 中国建筑结构：最独特、最大型、最具模数制的木构造技术与艺术。简介中国建筑木作三大部分：柱、斗栱、顶结构与装饰艺术（图6）（6课时）。

图6

斗栱的口分制与构造；柱、梁架、举架结构与在现代装饰中露明造处理；顶饰艺术。

在传统主题的学习中修炼自己的艺术道德修养，从看似一成不变的原理中挖掘最富感情的理论，将对书本的认识和最新的案例与资讯相结合。有的来自书本杂志、有的存在于生活的环境中，多看多对比、多联想、多记录、学会分析与归纳和提炼，从整体到局部的思维与行动方式，保证只要在状态必然需要用脑动手的训练，积极开发意趣，使永恒经典的主题永无止境地传承与创新。精通传统要素与语汇，做到"格物穷理"，用艺术创造价值，让设计延续魅力。

三、课程作业

评语：

　　第一套作品虽然空间不大，利用宫廷色彩——红、黄、群青色的醒目与华丽，很直接地定位了大堂的品质，以中式纹样的华盖为灯具原形，在垂直空间上与案台作了投影的呼应作为视觉中心。第二层视觉焦点蟠龙的太师壁，不仅界定了空间，更主要与匾额共同定位大堂的皇家气派，与其他两侧墙面不同材质不同纹样的龙纹相对应，更使空间显得方正大气。木质格扇、条幅书法、博古架作功能使用又具装饰作用，与墙面处理比例合宜，如能将门洞口上的横坡作贯通裙板来处理，整体效果会更好，该空间中式元素处理得比重恰当、完整规一，如用色上有大面积统一沉稳的木色，也有营造气氛的浓艳的豪华色为点缀，在选材、创意上十分豪气与成熟，彰显传统风格的雄浑之气。

　　习作二，主要特点在于空间处理上借鉴造园手法，运用流动空间、复式通廊、虚拟空间的形式，采用大小空间对比、借景、对景的空间处理手法，以水庭为大环境将水景引用室内。平面布局疏密有度，飘台为规整岛型与自然形态的荷花、山石天然成趣，云龙分隔空间有所借鉴，也仿佛有水上蛟龙的感觉。

　　隔断作为灵动的隔的艺术与虚拟的围的艺术：隔墙（碧纱橱、几腿罩、落地罩、落地花罩、栏杆罩、床罩、圆光罩、八角罩、博古架、太师壁、屏风、帷帐等12种不同形式隔的处理）；格门（门窗应注意寓意丰富、排列有序的窗棂条图案，见图4）。

课程名称：**餐饮空间室内设计**

主讲教师：**邱晓葵**

女，生于1965年，中央美术学院教授。资深室内建筑师，中央美术学院建筑学院第六工作室主任，硕士生导师。

1985年至1989年于中央工艺美术学院环境艺术设计系室内设计专业学习，1989年9月至1994年3月北京维拓时代建筑设计院从事建筑设计工作，1994年3月始调入中央美术学院任教，1994年至1995年于中央美术学院硕士研究生主要课程班学习。

一、课程大纲

（一）教学目的

教学通过学习餐饮空间的要素构成和系统组织特点，使学生对项目的背景及市场情况有十分清楚的认识，并站在投资者和经营者的角度去思考设计；不仅要有很强的设计表达能力，而且对使用功能组织、主题体现、行业特征要有较强的理解和表达。同时，餐饮空间的设计在空间分配、文化的表达、材料的选用、色彩的处理、照明的配置、家具的摆放方面应满足餐饮空间的特殊要求，从而创造出一个既舒适温馨又饱含文化特征的就餐环境。教学借助图像这一有形元素进行餐厅整体设计定位，反映出要表达的视觉整体形象，通过这种限定，使学生打开设计思路，创造出有个性特征的并且丰富多样的室内空间。

（二）教学方法

在教学中通过讲授、方案辅导、方案讲评等方法贯穿整个教学过程。课堂讲授餐饮环境相关内容、布置课题要求。学生进行设计选址、选定设计主题图像，根据选择的主题图像特征进行设计，使空间形态想像力得到充分的施展。通过让学生对餐厅周边环境的调研，了解消费人群的构成，深入分析客层的特征，针对所得、职业属性、年龄层、消费意识等因素来设定消费对象，进而根据其生活形态的特征，去设计他们所需求的空间环境。合理安排各功能空间的位置，解决交通流线、功能分区等问题，包括厨房操作间位置、客用卫生间等。推进设计方案的具体化，功能安排、空间处理及室内立面、顶棚造型等方面的具体设计，实现彼此间的有机整合，完成设计定稿。

（三）教学内容

1. 讲授餐饮空间设计的相关知识内容，对餐饮空间优秀作品进行分析介绍。
2. 学生对课题进行分析并选择设计改造对象，后做相关调研工作。
3. 针对不同学生存在的问题进行一对一的方案辅导。
4. 中期方案讲评：这个阶段在整个设计周期的中间，要求学生在这之前采用手绘草图的形式阐述方案，通过平面、立面、手绘效果图和口头的表达，进行初步的定稿。
5. 方案深化：这期间学生把方案录入计算机，进行小调整和深化工作。
6. 终期答辩：目的使学生之间能够进行交流互相学习，同时也给学生一个展示自己作品的机会。

（四）作业内容

1. 餐饮店平面布置图（上色平面）总图：（店面位置图、周边环境、道路及停车位）餐饮店平面布置图。
2. 吊顶平面图、6个主要立面图。
3. 餐饮店建筑外观及室内效果图最少6张。
4. 过程草图10张（手绘）。
5. 文案（调研报告、设计说明WORD文件）。
6. 主题图像（6张JPG）。
7. 餐厅实物模型一个。

二、课程阐述

（一）借助图像媒介改变室内设计教学的方式

在教学中主张限定具体的设计问题，将学生的兴趣导向对室内空间形态的创新设计方面。在命题过程中，尝试改变以往的教学模式，通过增加一个小的环节（图像媒介），使学生能够在室内设计思维的拓展方面起到一些作用。该课程与国内其他院校所开设的餐饮空间设计课程有同有异，相同的是：都会在一个真实的设计条件下进行创作，根据环境需要来确定餐饮的定位，都会围绕一个主题进行设计，挖掘出不同的餐饮文化特征。同样要在设计中合理安排餐饮店内各功能空间的位置，解决交通流线等问题，通过对餐饮周边环境的调研，了解消费人群的构成，进而根据其生活形态的特征，去设计他们所需求的空间环境。而与以往教学方式不同的是：教学要求借助"图像"这一有形元素进行餐厅整体定位，以便反映出最终要传达的视觉整体形象。因为在过去所授的设计课程中很少有这种借助于其他艺术门类来进行创作的形式。所以这不仅仅是对餐饮空间设计的掌握，更是对室内设计方法的探索。经过这样的训练，学生们能够掌握一种在设计中如何获得灵感、如何转化和如何表达的有效方法。

借助图像媒介进行教学的主要原因有两个：第一，利用中央美术学院在视觉艺术领域中的资源优势，强调艺术作品与设计的联系，启发学生采取其他艺术门类的介入手法，嫁接出新的异形设计作品，从而达到提升室内空间设计品质的目的。由常规的对餐饮空间设计方法的掌握，引申到对室内设计方法的探索。第二，由于学生们用语言来表述设计想法常常受到局限，所以想出这样一个对策。实践证明，图像媒介能架起师生之间沟通的桥梁，并且可以拉近目标与现实的距离。

（二）有关图像媒介的界定及应用技巧

"世界已由图像符号组成，我们通过电影、电视、录像、广告等大众传媒的过滤，接收到的是一个被解体、并置、杂乱的图像世界。"这也提醒了我们是否需要利用图像媒介为室内设计服务。其实，在具体的项目设计中，不难发现，已有不少的设计师在使用这一技巧了。能够使用的图像媒介有哪些呢？其实日常接触到的生活图像都可以是空间创作的素材，只要能表达设计人对未来空间的向往和认同即可。

从平面图像媒介到三维的空间创作就如同给植物嫁接，在旧的植物上会结出新的优良品种。通过嫁接基因互换而获得新生。在我看来这一方式运用于设计上，同样可以达到如植物一样的改良作用，两个看似没有关系的个体，最终能够被落位到空间创作中，设计人会在这种对照中产生创见，激发对空间的无限想像。

对图像媒介的抽取是有技巧的，它有些像摘抄，只摘你认为有用的部分，而非全部。摘抄的内容通常不能直接用于空间创作，往往需要再加工和再整理，提炼出能用于空间创作的元素。

图像媒介虽然信手拈来，不过还是要看设计人如何去转化成为空间服务的设计语言。应当注意的是在图像到空间的转化过程中，需强调控制在似与不似之间，既不要太像、太写实、太逼真；又不可无关联。似像非像，才是艺术的最高境界。也就是鲁道夫·阿恩海姆所提出的"再现概念"，"只有当一个人形成了完美的再现概念的时候，他才能成为一个艺术家。艺术家与普通人相比，其真正的优越性就在于：他有能力通过某种特定的媒介去捕捉和体现这些经验的本质和意义，从而把它们变成一种可触知的东西"。

学生自身的潜力是巨大的，只是我们以往没有找到开启这种潜能的钥匙，在给出图像这种媒介之后，具有设计想像力就不再是个别人的特异功能。"媒介本身实际上也是灵感的一种丰富源泉，它经常提供许多形式因素。据说某些伟大的艺术家（例如鲍尔·克利）的灵感就主要是来自媒介。"

我认为美术院校的室内设计教学应从以往的技艺教学中走出来，尤其要建立在创新思维的基础上。"如果过分依赖传统模式，他就既重复着别人又易于为别人重复，从而被淹没在普遍性之中，完全失掉特殊性，也就失掉艺术本身，谈不到独创性。"

通过教学实践发现借助图像媒介创作的方式，可以使学生轻而易举地掌握室内设计原创的要领，能够挖掘出具有创新精神和有天赋灵感的学生。同时，学生设计的能力再也不能单纯的用传统的教学模式来考核与衡量。虽然这类室内设计作品在当代还有可能被排斥、嘲讽或指责，但是，这些前卫的构思或奇想，完全可能成为未来室内设计发展的一个突破口。

三、课程作业

学校：中央美术学院建筑学院
课题：餐饮空间室内设计课程作业
设计人：邢磊　赵欣悦　刘琛　庞博
主讲教师：邱晓葵

评语：
　　设计灵感来源于一部儿童科幻电影《查理的巧克力工厂》，其中新奇的道具、尤其是鲜艳亮丽的色彩给学生一些启发。他们选取甜品店作为设计载体，用尽量简洁的设计语言来塑造空间，从影片里奇特的道具中提炼出几款几何形作为整体空间吊顶的基本元素，用渐变的七彩颜色来增加空间变化，通过色彩来烘托整个空间气氛，再用白色和金色予以协调，使整个空间高贵、简洁而不失变化，给顾客不同以往的用餐体验。

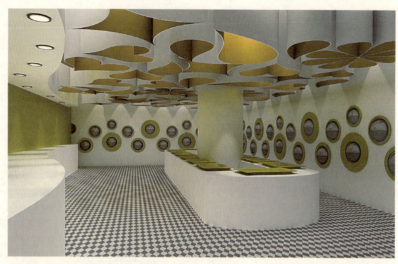

餐厅效果图

参考图样

餐厅平面布置图

餐厅效果图

学校：中央美术学院建筑学院
课题：餐饮空间室内设计课程作业
设计人：唐寅丰　陈欣
主讲教师：邱晓葵

评语：
　　该方案借助马列维奇的绘画所给人的视觉感受运用到了酒吧设计当中，并使其三维化。他们从马列维奇的画中抽取了色彩和几何体两个要素，然后将这些元素进行重新组织。设计简洁、现代，较好地体现了当代人审美的普遍追求与喜好。

餐厅效果图

马列维奇的画作

餐厅效果图　　　　　　　　　　　餐厅外效果图

学校：中央美术学院建筑学院
课题：餐饮空间室内设计课程作业
设计人：徐旸 邹佳辰 顾艳艳
主讲教师：邱晓葵

评语：
　　该基地位于中央美术学院内部食堂的三楼，原业态为中餐和韩国料理，主要针对美院的师生和来访的艺术家人群，面积约为1100平方米。因为地处艺术气氛浓厚的美院，所以凡是与艺术相关的环境都会受到消费群体的欢迎。该组学生选择了意大利画家乔治·莫兰迪的绘画作为主题图像参考。

　　莫兰迪以静物画著称，他的画作传达出一种安逸、静谧的气氛。他画中的静物轮廓都是经过高度提炼的，学生们从莫兰迪的画作中提取了静物的轮廓作为平面的依据，在立面上莫兰迪优美的线条也赋予了该作品颇多灵感，在色彩上，莫兰迪提供了高品质的色彩可供参考，暖橘，铁灰，宝蓝，粉白，淡黄……从材料上看简单的抹灰，质朴的凳墩，亚光的陶制餐具，带来同莫兰迪画作相同的质朴和单纯。

餐厅效果图

莫兰迪的画作

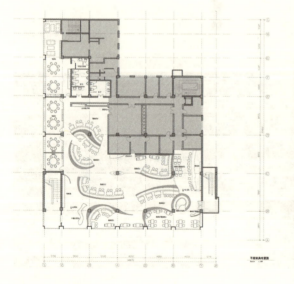

餐厅平面布置图

餐厅效果图

课程名称：**中小型商业空间研究**

主讲教师：**韩涛**
北京thanlab工作室主持建筑师。
1974年出生于山东青岛，1998年毕业于上海同济大学建筑学院，2001年毕业于中央美术学院设计系并留校任教于附中，2006年至今任教于建筑学院，2008年中央美术学院建筑学院博士在读。

一、课程大纲

（一）课程指导思想及定位

课程安排：

四年级的教学开始转向社会学批评和空间原型研究相结合的方式。原型研究可以深化对空间语言的掌握与理解，而社会学批评则让学生开始意识到复杂的社会语境和设计之间并非仅仅存在着形式层面的联系，在形成价值态度和观念立场的基础上，有针对性地使用设计语言。对商业建筑的研究无疑是达成以上目标的有效手段之一，商业由于已经广泛的链接深入到当今社会的各个层面，为研究提供了丰富立体的素材与空间。本次课题要求把研究缩小至北京小型综合商业建筑范围。小型使研究容易把握和深入，综合保证了与商业特征的复杂多维联系，北京保证了日常生活经验的有效传递，为分析提供可信度高的感受经验。

（二）教学内容及框架

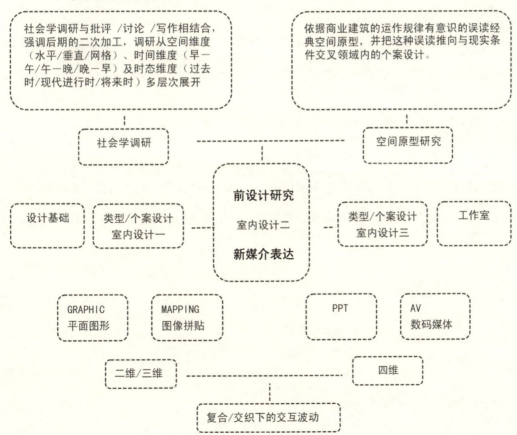

二、课程阐述

（一）教学方式

教学方式自始至终坚持了集中讨论的方式，这使得同学们的观点可以集中碰撞，过程中出现了许多不期而遇的思想火花，这对教师现场把握讨论方向及深度的能力提出了很高的要求。重要的是现场。我们在六周内组织了十次 PPT 演示汇报，成果以类似显影的方式层层展现与推进，对于设计专业的学生而言时间永远是不够的，在结果层面上可以无限期地研究下去，这不同于艺术创作有"停"的临界点的实践体会，而在过程层面我们强调设计随时停下来，都应体现出一种粗糙的完整性，在这点上又与艺术实践的体验非常相似。从教学中反映出学生对理论文献阅读的匮乏，不同学生对当代艺术的了解程度差别很大，在教学中花大力气对此进行了信息及观念补充，相信学生从中受益匪浅。谭平老师第十工作室的教案和宋协伟老师第六工作室的讨论方式对我帮助很大，许多具体的教学方式来源于此，在此表示感谢与推荐。

（二）教师队伍

教学指导：张宝玮教授　吕品晶教授　傅祎副教授
教师团队：韩涛＋韩文强 2007/09/03－2007/10/15；韩涛＋崔冬晖 2008/10/20－2008/11/27
开课年级：四年级
开课专业：室内设计
课时数量：六周

（三）课程特色

1. 过程结果化 / 结果开放化

由于是社会学批评与原型研究设计相结合的课题，学生的主动性对于成果的质量及深入完善程度有直接关联。第一、二阶段的教学超额达到了预期目标，第三阶段开始表现出了不同组合之间的差异。这种差异既是现实情况的真实呈现，也是我们的观念指向，如果我们强化的是对方法的重视，我们所开放的必然是对思考及结果的包容，而非职业化等级的简单标准性。

2. 学生反馈

经过这几周的努力，感受颇深，最重要的就是学会了否定，做事情谁都可以做，但怎们去做，采用什么样的方式，这就需要去选择，可以选择去做，也可以选择不去做，可以选择高难度地做，也可以选择按照老套路做，怎样去做是要选择的，而你要怎样选择呢？

探索，树立，推翻，再探索，再树立，再推翻，包括我们的老师，都是在不断否定自己的过程中走出来的，结果是我们都没有预想到的，什么叫做创造力，如果永远在做方案之前就知道结果怎样，那我们何所谓创造力，设计师没有了创造力，那又何所谓设计师！我们是年轻人，尤其是作为美院的年轻人，我想不仅仅是从打扮上，我们的思维更应该是年轻的，即使我们以后年龄增长，我们心灵上仍然是年轻的。

中央美术学院建筑学院

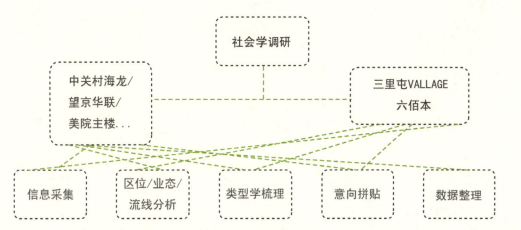

信息采集关键词
类的意识
从摄像机到摄影机
360度扫描
当代艺术建造方式的储用
图像意识
读图时代

区位/业态/流线分析关键词
平面交通还是立体交通
延伸流线还是缩短流线
双首层概念
价值最大化
在区域更新的角度上动态的理解
催化剂
商人/知识分子的眼光
短路原则
摩擦力
日常业态与极端业态的关系
规划层面的解读

类型学梳理关键词
从具体到抽象
概括日常经验
表象的演进还是结构的流动
结构意识

意向拼贴关键词
在拼贴中发现可能性
混搭成为动词
信息成为材料

数据整理关键词
量化意识
资本意识
数字意识
图表仪

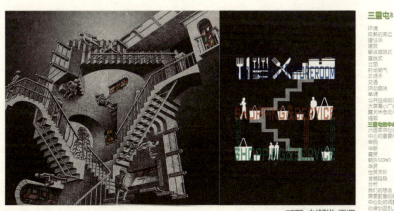

邢磊 赵新悦 庞博

刘菁 刘琛

97

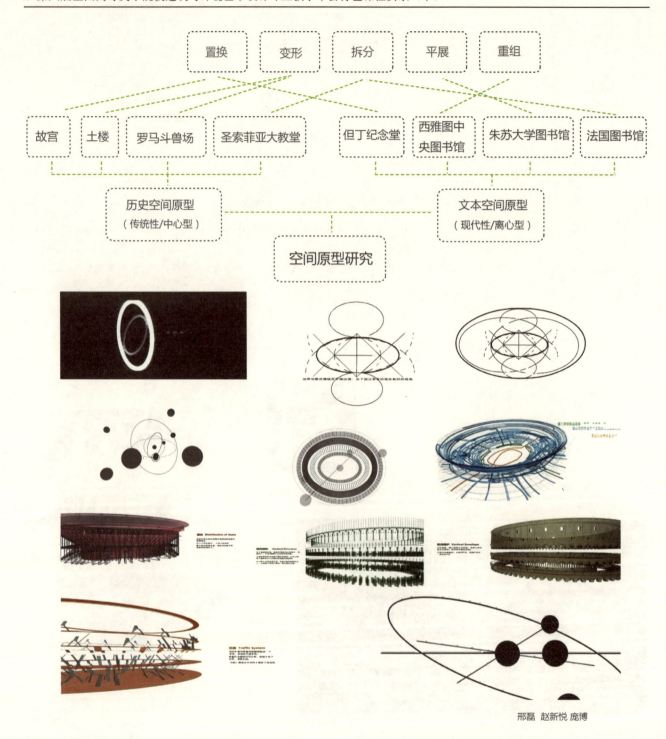

邢磊 赵新悦 庞博

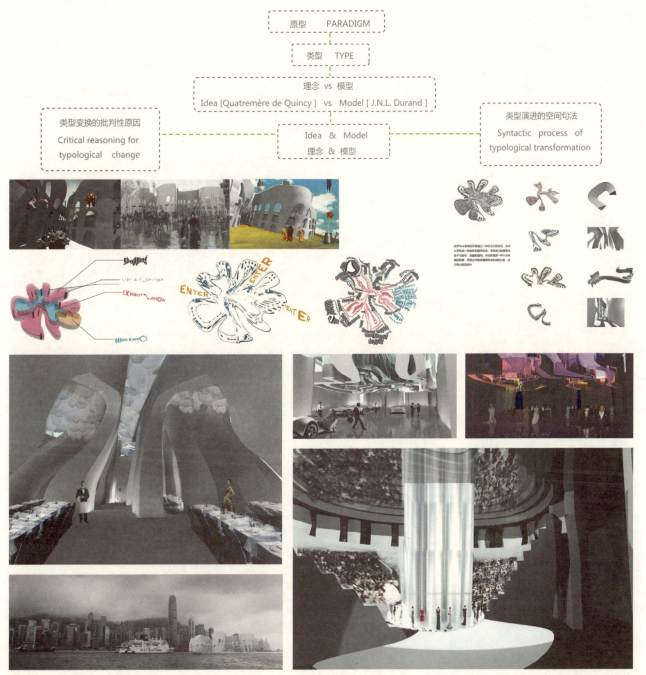

邢磊 赵新悦 庞博

课程名称：**专卖店设计**

主讲教师：**邱晓葵**
女，生于1965年，中央美术学院教授。资深室内建筑师，中央美术学院建筑学院第六工作室主任，硕士生导师。
1985年至1989年于中央工艺美术学院环境艺术设计系室内设计专业学习，1989年9月至1994年3月北京维拓时代建筑设计院从事建筑设计工作，1994年3月始调入中央美术学院任教，1994年至1995年于中央美术学院硕士研究生主要课程班学习。

一、课程大纲

（一）课程简介

专卖店设计课是针对刚刚进入室内设计专业的学生而开设的，其教学内容主要是围绕商业类型室内设计的创作设置的。专卖店不仅仅是经营、购物之所，而且作为城市文化的窗口，成为城市生活的生动写照；由于它富有吸引力，成为人们公共交往的空间；是汇集商品，体现竞争的场所。任何即将运营的专卖空间都需要在市场上建立起自己独树一帜的形象，以提高竞争力。所以对于这类的设计就需要有个性化的空间处理与气氛烘托，要求在设计上具有空间的创造力和想像力。

专卖店设计课是室内设计专业的必修课，同时也是一个能调动学生学习热情、展开想像的设计课题；在这个课题中，专卖店不仅仅限定为室内设计，它也是个比较综合的设计课题。设计内容包括建筑外观设计改造、店面内部空间设计、商品展示设计、VI设计等细节。

（二）教学目的

教学通过对室内空间形态的构成以及空间气氛创造的基本原理的了解，掌握室内设计的设计程序及空间设计尺度。主要以小型设计作为切入点，全方位地启发学生逐渐认识了解建筑与室内设计的领域和对相关专业的把握。充分调动学生的学习主动性，培养学生独立思考的能力，善于运用已掌握的知识，完满地完成空间创作。整个专卖店设计教学目的在于培养学生对设计项目整体的组织协调能力，是一种全局考虑的本领训练。

（三）教学方法

在教学中通过讲授、市场调研、方案辅导、方案讲评等方法，增强学生对专卖店空间环境的感官认识，使学生更直观地了解商业空间的本质与形态，提高学生学习的兴趣，通过课堂辅导帮助学生解决设计中存在的问题，从而理解和掌握室内设计方法。

每个学生可以挑选自己喜欢的品牌，搜集此品牌的相关资料并进行北京地区的店堂调研。要求在调研过程中注意观察与室内设计相关的内容，分析其存在的问题，在自己作业中尽量解决和避免。

课堂教学通过对使用功能意义、空间构成形态、流行文化创意三个角度进行分析，着重讲述室内设计的创作手法以及如何组织完备而有特色的商业空间。

（四）作业内容

1. 选题演示文件。
2. 方案介绍演示文件。
3. 设计过程草图若干张JPG图。
4. 各层平面室内布置图。
5. 专卖店室内立面图及效果图三张。
6. 沿街建筑立面效果图一张。
7. 品牌的VI系统选用或设计（字体、标志、标准色、包装袋、门把手）。
8. 设计说明（不少于500字）。
9. A0展板一张。

二、课程阐述

"专卖店设计"是中央美术学院建筑学院室内设计专业的必修课程,适合于本科三年级学生学习。教学通过对建筑空间形态的构成以及室内空间气氛创造的基本原理的了解,以小型设计作为切入点,全方位地启发学生逐渐认识了解环境艺术设计领域和对相关专业的学习与了解。

专卖店设计课不仅仅限定为建筑设计、室内设计、展示设计或平面设计,它是一个比较综合的设计课题。除了对专卖店建筑外型、室内空间环境要进行设计外,对于一些相关的细节也要单独设计或选用,比如店门、门把手、家具、楼梯、栏杆、柜台、休息椅、展架等也是整体中的一部分。同时在课程中要求学生进行VI设计或选用,即视觉识别设计。首先是店面的标志、字体、标准色,其次是对标准的应用,如贯彻到员工服饰、包装袋、吉祥物、办公用具、交通工具等,以使整个视觉识别系统在统一中有变化,既有整体的一致性,又富于个体的特殊趣味。所以专卖店设计并不那么简单,可谓"麻雀虽小,五脏俱全"。这是一种全局考虑的本领训练,它可以培养学生对设计项目整体的协调组织能力。

(一)专卖店的设计特征

任何即将运营的商业空间都需要在市场上建立起自己独树一帜的形象,以提高竞争力。所以对于专卖店这类的设计就需要有个性化的空间理念与气氛烘托,要求在设计上具有空间的创造力和想像力。建筑外立面设计是专卖店设计的重点部分,它的设计前提是掌握时代潮流,便于识别和记忆,一般个性越突出,越易引人注目,越能起到招徕顾客、扩大销售的目的。而且,人们对美的要求是不会停留在某种固定不变的模式中的,现代生活加强了这种求新求变的需求,感人的艺术形象将逐渐步入专卖店的设计之中。

随着现代科技的发展和人们审美意识的提高,专卖店的设计呈现出新的发展趋势,它不仅涉及色彩、材料等美学内容,同时也融入了影像、声效、灯光等新兴学科,这样做是为了在最大范围内调动人的感官,以给人留下更加深刻的印象。它的目的不再单单是销售,而是让人体会和接受某种品牌文化。

(二)专卖店教学的成果

我们的教学主要是从了解品牌开始的,学生可以随意挑选自己喜欢的品牌,去各种专卖店调研,引导他们注意建筑与室内设计、展示设计相关的设计内容,用草图摹画,分析其存在的问题,在自己尝试做的时候尽量解决和避免,保留可取之处。这是一个模仿的过程,也是在解决他们不知如何开始设计的问题。

专卖店设计课自1999年开始经过多年的教学实验和教学调整,已取得了较好的成绩。2004年由美术家协会举办的"为中国而设计"的环境艺术设计大展中,三年级学生杨峰的"服装专卖店设计作业"获得学生组设计银奖;在2006年第二届全国环境艺术设计大展中,《68内衣专卖店设计》作品入选;在中央美术学院2004年度"全院教学汇报展"中,有五位同学分别获一二三等奖,其中的两位同学在此次汇报展中,分别获得一等奖。

实践证明,本课题能使学生从根本上扎扎实实地掌握室内设计的基础知识,同时也是一个能调动学生学习热情、展开设计想像的课题。经多年教学,我们已摸索出了一套针对室内环境设计初学者适用的教学方法。

三、课程作业

学校：中央美术学院建筑学院
课题：专卖店设计课程作业
设计人：杨峰
主讲教师：邱晓葵

评语：
　　本专卖店以服饰服装专卖为主，目标对象定位在追求现代、时尚、摩登的15～35岁年轻的消费者，品牌名称以"自留地"命名，强调自我空间的概念。在展示方式上颠覆了传统，以对外的橱窗、开敞的立面作为展示空间的概念，以封闭的立面衬托挑出的展台，通过消费者试衣的行为参与达到满足年轻人强烈自我表现欲与商品展示的双重目的。在顾客不知不觉自我欣赏的同时，也为专卖店提供了活的广告宣传。另外此设计在恰当的位置处理了服务台、库房、试衣间、厕所等功能性的空间，并通过对空间的横向划分，缩短了人们上下行进的距离，增加了室内的变化和层次，给人以灵活多变的空间感受。

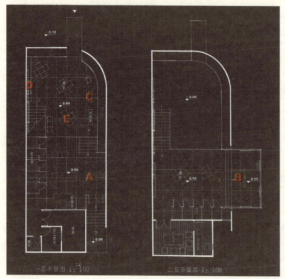

平面布置图

室内外效果图

学校：中央美术学院建筑学院
课题：专卖店设计课程作业
设计人：林晓亮
主讲教师：邱晓葵

评语：
　　此为哈根达斯冰淇凌专卖店设计，其功能分区明确，客流线、服务流线清晰，由外至内陈列的商品从兴趣吸引至逐渐深入，空间氛围亦随之逐渐由时尚到经典精致。入口处设一弧形墙横跨包纳两柱子，其背面设内嵌式展柜，奠定浑然整体感；且与右边依柱子做的展柜相呼应，形式统一。动与静划分明确，设有预定区和品尝区，顾客除了可以在流动中接触商品外，也可以安静地欣赏品味。该专卖店以圆、弧线为元素；选用浅金黄色和酒红色调；配以柔和的间接灯光，表达其产品醇厚的精致口感，并体现品牌独有的时尚和经典。

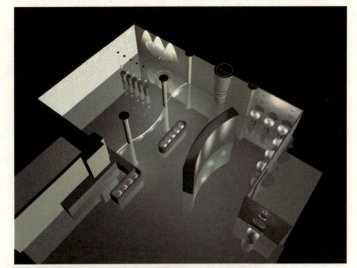
俯视效果图

店面效果图

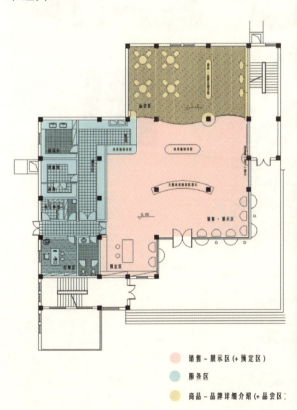
平面布置图

室内效果图

学校：中央美术学院建筑学院
课题：**专卖店设计课程作业**
设计人：李涵
主讲教师：邱晓葵

评语：
　　玩具专卖店的服务对象主要是儿童，同时也包括陪同儿童购卖玩具的家长以及童心未泯的少男少女。此设计在空间和造型上力图丰富，能对儿童产生强烈的吸引力。设计通过积木型的几何组合与鲜亮的色彩，充分体现玩具专卖店的特征，虽然这属于具象的设计方法，但在处理上还是进行了大量的符号提炼和情感升华。通过门、小桥、试玩区、缩小的尺度，使人感到从里到外处处都体现出他对孩童的关心。他的视觉传达设计也很出色，尤其包装袋的设计，相信不论大人还是孩子都会喜欢。

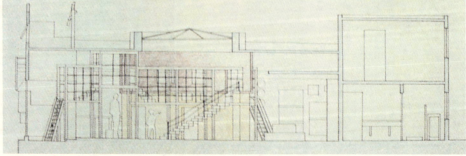

104

室内外效果图

课程名称： **办公建筑室内设计**

主讲教师： 梁宇

男，1978年1月出生，中国美院环境艺术系讲师。

2000年7月毕业于中国美术学院环境艺术本科，2003年7月于该专业研究生毕业。中国建协室内设计学会会员，中国建筑装饰协会高级室内建筑师，2003年8月于中国美术学院留校任教。

一、课程大纲

（一）教学目的和要求

通过建筑室内设计的过程，了解办公空间的要求，了解工作环境的舒适度，掌握办公空间的人体尺度和室内空间的主要材料设备及室内设计的一般规律和方法。

（二）基本内容

1000~2000平方米供设计事务所使用的办公空间，讲授办公空间的发展趋势及使用方式，介绍基本材料类型结构及运用方式，讲解办公设备设施的使用方式，了解人类群体行为模式空间使用中对室内设计的要求，体现办公空间人性化、风格化的设计要求，设计具有实用价值的办公空间。

（三）设计任务书

按每1000平方米供60人使用的规模设计一个设计事务所办公空间。

需要的功能有：前台接待空间（设接待文秘一人，提供接待等候、电话接听、传真复印等功能），财务室一间（设会计和出纳各一人），办公室一间（两名行政管理人员），设总经理一人（内有办公洽谈功能），总工程师办公室一间（供四名总师使用），配备大、中型会议室若干，事务所设1~2个工作室，一般以不超过40人为基数设置工作室规模，每个工作室有设计室主任一人，设计主管两人，另提供展示空间、图档存放空间、材料样板存放空间和打印室（空间可考虑多用途）、小组的讨论空间、考虑员工的雨具、私人物品等的存放空间、饮水食物吧台、清洁工具处等。

设计一个富有个性的，符合设计师使用的办公空间，灯光要求明亮柔和，材料选用易清洁型，工作环境要考虑方便管理，有良好的互动性和轻松的工作氛围，并要有实现的可能性。

（四）主要空间面积要求

公共部分和主交通空间除外，总体按人均不小于8平方米的要求安排工作空间。

其中，各主要空间最小面积要求如下：

门厅 50平方米

总经理室 30平方米

大会议室 100平方米，中会议室 40平方米，小型会议可与讨论空间合并考虑

图档存放空间 30平方米

图书阅览空间 30平方米

设计室主任办公空间 15平方米

其余空间按人数规模自定

以上各空间位置布置方式在合理的情况下，可拆可合，自由组合

（五）作业要求（不得使用计算机软件绘图，一律手绘出图）

1. 草图要求

运用草图或照片资料的形式，记录和分析人在工作过程中的行为状态，收集用于设计的参考图片和概念资料，结合实际工作环境，绘制平面、吊顶及立面草图，确定方案

2. 正图要求：

(1)按1:100比例绘制各层平面图、顶面图。

(2)按1:50比例绘制主办公层剖立面图1~2张。

(3)按1:50比例绘制重点空间放大平面图、顶面图，按1:30比例绘制该空间立面图（2~3个立面图）。

3. 表现图

反映空间特征的透视表现图两张,其中必须有一张为彩色表现图
4. 模型
按1:50比例制作其中一个工作室的办公空间模型,要求制作顶面
(六)考评办法
平时成绩与最后成果综合考评（100分制）
平时过程作业（草图及分析）　　30%
课程文本成果（正图及效果图）　　40%
模型成果　　　　　　　　　　　　20%
到课率及平时课堂表现　　　　　　10%
由该课程任课教师（3位）、专业教研室课程讲评后综合评定

二、课程阐述

中国美术学院建筑艺术学院环境艺术系和景观设计系的学生在1、2年级时期采用共同基础授课的方式。《办公建筑室内设计》课程是两个系的学生2年级下学期的一门专业必修课。一定程度上体现了我院倡导的多元互动、和而不同的学术思想,营造"品学通、艺理通、古今通、中外通"的人才培养环境。

该课程既是一门独立的专业设计课程,同时也是前期专业课程的延续和深入。采用学生相对熟悉的设计师事务所为课题环境,针对前期《办公建筑（设计师事务所）设计》课程,以学生在规定场地限定条件下自主设计的办公建筑为本课程设计的蓝本和基地,通过在室内设计课程对原建筑设计进行自我深化,进一步完善建筑设计,使学生能够在这样一个系列课程中建立一个具有整体性的正确的、系统的、完整的设计观念。

课程教授采用基础理论讲授与个案分析辅导相结合的方式,以基本理论的讲授与典型空间案例点评为基础,培养学生自主分析归纳的能力。在室内设计过程中针对自己的建筑方案提出具有针对性的修改与完善的手段,逐步产生系统的设计思路,最终形成完整的室内空间观念。培养学生在设计过程中各方面的协调能力,在满足功能的前提下体现出带有自我设计意识的作业成果。

课程要点：
1. 设计师事务所办公空间的基本功能理解。
2. 办公空间基本水暖电设备的了解。
3. 合理的设计思路的培养。
4. 能够了解基本室内工程材料与合理的运用。
5. 能够规范地进行图纸表达与表现。
6. 制作比例准确的模型。

课程特点：

该课程是学生入学来第2个室内设计课程,前一个为独立小住宅室内设计。与前一个相比,缺少了直观的生活经验。在授课中,前期教师着重对典型的案例进行分析,结合实际工程现场调研,对该类型空间有较直观的初期概念。同时,针对美院学生相对理性思维能力偏弱,对功能、尺度、设备、材料进行充分了解。使学生在做方案时能够有的放矢,不是盲目地进行形式主义空想。

多种形式的使用方式、家具组合、人员搭配的讲解,使学生能够在功能安排上趋向合理；通过水暖电设备的介绍,使学生对隐性空间有所关注,对室内空间的理解更加全面；针对材料技术特性分析,使学生在设计中能够理性地理解技术美感和形式美感的关系。

室内设计的过程中,多做方案比较,在不破坏原建筑设计整体结构前提下,可以针对前期建筑设计空间的不足之处进行修改,大大调动了学生自主创造的积极性。同时,着重强调学生对空间尺度的理解,了解空间、设备、使用之间的相互关系。

结合美术学院学生图形图像思维较强,逻辑思维能力偏弱的情况,提高学生动手能力,强调了1:50的课程模型作业,要求准确地对空间尺度、材料肌理、体块分割进行表现。结合模型的制作,对空间的理解,图纸通过反复的修改完善,最终形成从图形到图像到空间的完整课程成果。

三、课程作业

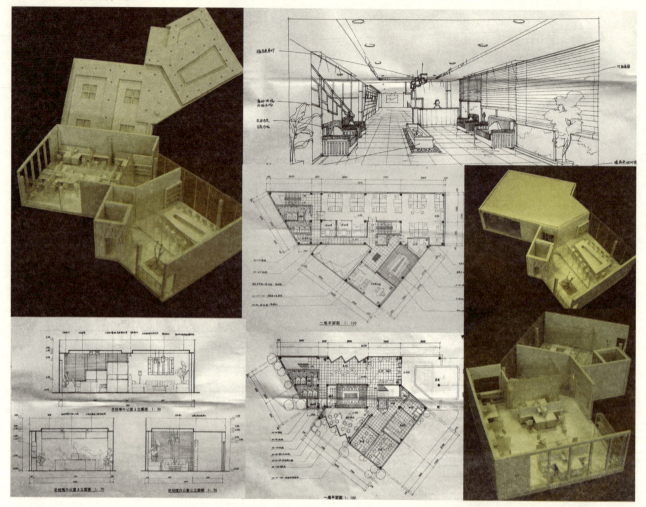

07级环境艺术系 二年级下学期 王梦梅

评语:
　　该生课程设计作业能够较有条理地对空间进行分析、梳理,作业过程能够有步骤有计划地科学进行,从草方案到最终定稿过程改动较少,有比较清晰的设计思路。
　　作业能够完成课程任务书的内容,平面安排有序,立面设计合理,材质选用合适,图纸表达清晰,模型制作精致,是比较规范的一套课程作业。

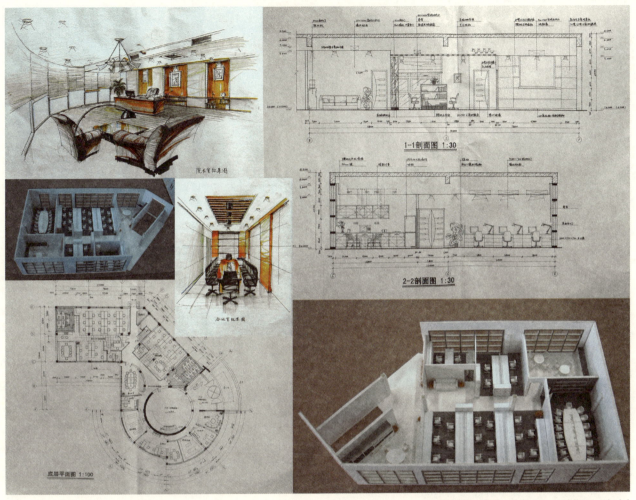

07级环境艺术系 二年级下学期 刘 钊

评语：
　　该生课程设计作业前期建筑设计体量较大，增加了室内设计的工作量。在反复推敲后，能够改进原建筑设计不合理的空间布局，从空间上调整了本课程所要求的功能布置，能够较好地对原建筑空间进行改良设计。
　　作业能够完成课程任务书的内容，平面、立面图纸表达清晰，方案设计材质选择较有特色，模型制作精致，是比较完整的一套课程作业。

课程名称：**室内装饰材料材质设计**
主讲教师：**邱晓葵**
女，生于1965年，中央美术学院教授。资深室内建筑师，中央美术学院建筑学院第六工作室主任，硕士生导师。

1985～1989年于中央工艺美术学院环境艺术设计系室内设计专业学习，1989年9月至1994年3月在北京维拓时代建筑设计院从事建筑设计工作，1994年3月始调入中央美术学院任教，1994～1995年于中央美术学院硕士研究生主要课程班学习。

一、课程大纲

（一）课程简介

随着室内装饰装修行业的蓬勃发展，人们对室内装饰的效果和质量要求越来越高。作为室内设计相关要素的材料是提升室内设计质量的重要因素之一，而我国现有的装饰材料和装饰手段远远满足不了高质量室内设计的需要，所以需要设计师重新审视材料并对现有材料进行简单的加工或换一种应用材料的方式，打破传统的材料运用模式，拓展材料的应用范围。

本课程是在充分了解现有材料的基础上，创作新的材料材质肌理效果。同时在了解材料特性和室内设计材料表现应用的基础上，创作并制作出能应用于工程中的室内装饰材料样板。装饰材料交替组合的手法和各种材质再造手段，将能成为室内设计构思创作的源泉。

（二）教学目的

通过教学使学生熟悉常用室内装饰材料的名称、性能、规格、质量和用途，了解室内装饰新材料及发展趋势，能够正确地选择与合理地使用。通过学习和培养基本的材料操作技能，达到巩固和加深对所学理论知识的理解。教学能使学生了解某些材料的加工属性和表现力。尝试某种材料所能反映出的视觉美感，试验出一些能实际运用于室内装修施工的装饰材料。

（三）教学内容

本课程教学分为材料的认识、材料市场调查、材料肌理加工、新材料试验加工四个内容。

1. 材料的认识：介绍装饰材料的基本功能、装饰材料对空间的表现、装饰材料与室内风格定位的联系、装饰材料的分类、常用装饰材料的个性、建筑材料的应用、特殊材料的应用等。

2. 材料市场调查：除了利用实验室现有的样品进行样品教学外，组织学生到工地现场或各装饰材料市场收集样品和调研，了解市场行情。在这个过程中既较全面和深入地学习到最新的装饰材料知识，又得到了接触社会和了解社会的锻炼。

3. 材料肌理加工：运用所学的材料肌理特征及表现手法，用加气混凝土砖材料制作一块能明显反映肌理效果的材料样板。

4. 新材料试验加工：对廉价的建筑材料进行加工处理，表面处理可凿毛、磨光、分割重组等加工成各种肌理效果，丰富材料的表现力。根据所选材料也可综合运用焊接、电镀、雕刻、铆接、螺栓等技术，使每一种技术都能发挥独特的作用。

（四）作业内容

1. 撰写材料调研报告一份，填写材料调研表一张。
2. 材料肌理加工：运用所学的材料肌理特征及表现手法，用加气混凝土砖材料制作一块能明显反映肌理效果的材料样板。要求尺寸为A3大小(横向)。
3. 新材料试验加工：对现有材料进行加工和创作成新的材质效果。要求能在现实的工程中使用，厚度不超过3厘米。要求尺寸为A3大小(横向)。

二、课程阐述

中央美术学院建筑学院材料课的教学是以解决问题为中心而展开的设计活动,教学通过对材料的认识与实践过程,发现开拓更多的可利用材料,了解以前未知和熟悉的材料,从根本上改变以往对材料的运用手法,以培养学生原创设计的意识为根本目的。课程要求学生在充分了解现有材料的基础上,掌握材料特性,创作新的材料材质肌理,并制作出能应用于工程实践中的室内装饰材料样板。

材质设计是在现有的材料制造技术的基础上进行研究的。所谓室内材料材质设计对室内设计师而言,它既是可视可触的物质材料的组合,同时也是设计理念和艺术风格的表现。材料材质的实验是我们在教学中为设计师打造材料多样性的初探,试验本身也是对于传统材料模式的一种再发展。关注装饰材料创作训练的精神体验是我们试验的目的之一。材料质感的优劣在于操控时的体验和感知。我们在教学实验中会引导学生从容地审视陌生的领域,以多年的艺术素养及智慧拉动材料材质训练的兴奋点。工作不是模仿而是创造,应在过程中体验材料的硬度、耐水性、耐磨性,在制作中发现材质的精神品质,工作是一种精神创造。作业中学生能最大限度地发挥每一种材料的优势,充分显示出材质创作的作用和魅力。

我们在教学中使用施工录像、多媒体资料、实物样品等,增加信息量,增强学生的感观认识,并向学生介绍装饰材料有关的构造,使学生更直观地了解材料性能的本质,以形象化的方式使学生易于理解,提高学生学习的主动性。通过实验教学加深学生的理解和掌握,并进行主动的思考。用抽象思维方式合理组织实践教学内容和相关知识结构,强调理论联系工程实际,将视觉艺术的方法引入材料教学实践中去。

1. 利用实验室教学

装饰材料实践教学在材料专用实验室中进行,利用本院现有的设备进行综合实验。材料与构造实验室位于中央美术学院设计大楼地下二层,使用面积约130平方米,实验室由四部分组成:一是用于创新材料的展示陈列,展存了多年来"装饰材料材质设计"课程的学生材料实验作品;二是用于材料构造与工艺做法的步骤体现,其中包含常用墙体、墙面、地面、顶面材料的做法展示;三是实验室对装饰材料的文字资料的收集展示,包括材料的物理性质和应用实例方面的图文资料;四是用于市场材料样品的分类展示,及时补充最新的装饰材料样板。

除了利用实验室现有的样品进行样品教学外,我们还组织学生到现场工地和各建筑材料市场收集样品。学生在这个过程中既较全面和深入地学习到最新的建筑材料知识,又得到了接触社会和了解社会的锻炼。

2. 实践教学

实践教学是装饰材料教学中必不可少且非常重要的一环。通过实践教学,学生既可验证课堂上所学到的知识,充分理解各种理论,进而达到牢固掌握理论知识的目的;学生又可锻炼自己的动手能力,学到解决实际工作问题的技能。

我们不是把训练本身当作目的。训练的最终目的是具有实践可能的设计,让学生充分作好面对现实生活的准备。学生将在实干的过程中去学,他们将与比较有经验的人进行合作,通过实际制作材料样板来领会到一些东西。我们希望学生在整个教学过程中学习如何能使自己设计的材料样块投入到小规模的生产中,并且了解此材料能够产生的附加价值。他们将这种附加价值注入到机器产品的能力可以创造出室内设计的新形式,开辟原创设计的新纪元。

3. 教学及科研成果

本课题受到中央美术学院艺术与人文科学研究项目的资助,2009年由中国建筑工业出版社出版了全国高等美术院校建筑与环境艺术设计专业规划教材《建筑装饰材料 从物质到精神的蜕变》。

三、课程作业

学校：中央美术学院建筑学院
课题：室内装饰材料材质设计课程作业
学生：安乐 王倩 张洋洋 何欣 孙敏
主讲教师：邱晓葵

材料肌理加工作业：
  运用所学的材料肌理特征及表现手法，用加气混凝土砖材料制作一块能明显反映肌理效果的材料样板。尺寸为A3大小（横向）。

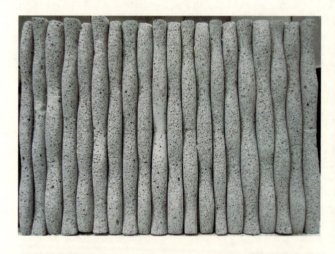

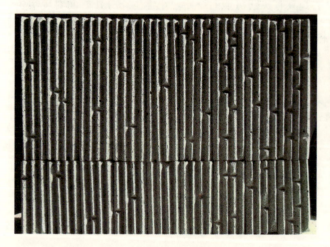

学校：中央美术学院建筑学院
课题：室内装饰材料材质设计课程作业
学生：大川爱加　虞德庆　张艳　赵欣悦　顾艳艳
主讲教师：邱晓葵

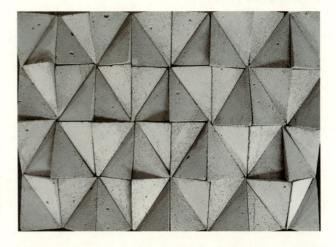

材料肌理加工作业：
　　运用所学的材料肌理特征及表现手法，用加气混凝土砖材料制作一块能明显反映肌理效果的材料样板。尺寸为A3大小(横向)。

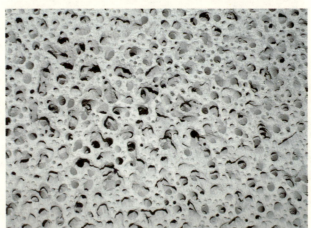

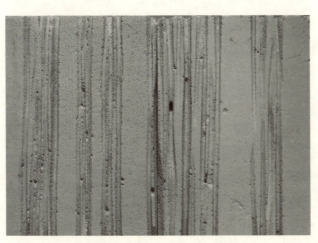

学校：中央美术学院建筑学院
课题：室内装饰材料材质设计课程作业
学生：张洋洋 赵囡囡 王月 徐楚 安孝贞
主讲教师：邱晓葵

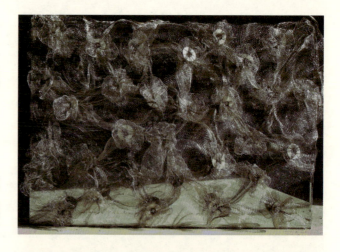

新材料试验加工：
　　对现有材料进行加工和创作形成新的材质效果。要求能在现实的工程中使用，厚度不超过3厘米。要求尺寸为A3大小（横向）。

学校：中央美术学院建筑学院
课题：室内装饰材料材质设计课程作业
学生：刘菁 刘琛 徐旸 徐楚 赵思远
主讲教师：邱晓葵

新材料试验加工：
　　对现有材料进行加工和创作成新的材质效果。要求能在现实的工程中使用，厚度不超过3厘米。要求尺寸为A3大小（横向）。

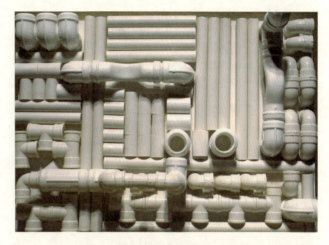

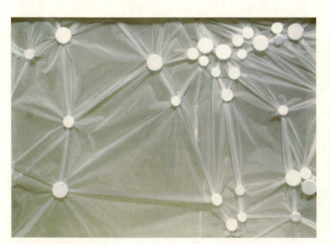
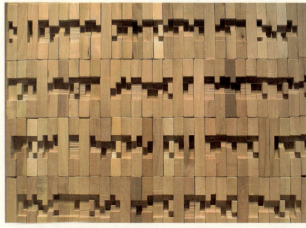

课程名称：**室内设计材料与构造**
主讲教师：郑欣
男，生于1970年，设计学专业副教授，高级环境艺术设计师，环境艺术设计系主任。
1992年毕业于广州美术学院，获学士学位，2006年毕业于武汉理工大学艺术与设计学院，获硕士学位。

一、课程大纲

课程编号：8176091　　课程类别：实践　　课程性质：必修　　学时学分：3周，3学分

（一）目的与要求

通过本课程的讲授，使学生较全面系统地掌握室内设计材料的基本性质、基本要求、使用方法及材料造型的规律。训练认识和运用室内设计材料的能力，为室内设计打下良好的基础。

（二）教学重点与难点

1. 教学重点：室内设计材料的特性及其运用。
2. 教学难点：室内设计材料的搭配与组合。

（三）课程计划安排

第一篇　概论
1. 材料的历史与发展　　　　了解
2. 绿色材料与应用　　　　　了解
3. 材料分类与基本性能　　　了解
3.1 材料分类
3.2 材料的基本性能
4. 材料的美感属性　　　　　了解
4.1 材料的色彩美感
4.2 色彩的感情效果
4.3 材料的质感美

第二篇　硬质材料
5. 木材　　　　　　　　　　掌握
5.1 木材的基本特性
5.2 木材的分类与结构特征
5.3 木材的性能特征与木作工艺
5.4 木材质量与安全处理
5.5 人造板材与应用
5.6 木质地板
6. 金属　　　　　　　　　　掌握
6.1 金属材料的分类与特性
6.2 金属材料的加工与表面装饰
6.3 常用金属材料的种类、特性及用途
6.4 金属材料的应用与技术要求
7. 墙体材料　　　　　　　　掌握
7.1 轻质墙板
7.2 其他复合墙板
7.3 砌块与砖材
8. 陶瓷　　　　　　　　　　掌握
8.1 陶瓷材料的分类与性能
8.2 常用陶瓷制品的分类与应用技术
9. 玻璃　　　　　　　　　　掌握
9.1 玻璃的分类与性能
9.2 常用玻璃的特性与用途
9.3 玻璃的应用与技术要求
10. 石材　　　　　　　　　 掌握
10.1 天然石材
10.2 艺术石材
10.3 人造饰面石材
10.4 石材应用绿色化
11. 塑料　　　　　　　　　 掌握
11.1 塑料的分类与基本性能
11.2 常用塑料型材的种类、性能与用途
12. 涂料　　　　　　　　　 掌握
12.1 涂料的组成与功能
12.2 涂料的分类与性能
12.3 常用涂料的特性与用途
12.4 涂料的应用与技术要求
13. 复合材料　　　　　　　 了解
13.1 复合材料的分类
13.2 常用复合材料与应用
14. 纳米材料　　　　　　　 了解
14.1 纳米材料的分类
14.2 纳米材料的性能与应用

第三篇 软质材料
15. 软质材料的分类与名词术语　　　了解
15.1 软质材料的分类
15.2 软质材料的名词术语
16. 常用软质材料的性能与用途　　　掌握
16.1 纺织物
16.2 皮革
16.3 地面软质铺装材料
16.4 墙纸（布）

第四篇 装饰材料的搭配与组合　　　掌握

（四）作业内容
1. 室内设计材料调研报告
2. 材料组合设计

（五）成绩考核标准
平时成绩 占 20%
调研报告 占 30%
材料组合方案 占 50%

（六）教材与参考资料
何新闻编著，《环境艺术设计材料结构与应用》，中国建筑工业出版社，2008年

二、课程阐述

《室内设计材料与构造》是环境艺术设计专业的必修课。课程主要阐述各种不同类型装饰材料的基本特征及性质，不同装饰材料的构造方法；装饰材料连结、结合形成界面的细部处理；装饰材料的选择与环保要求；装饰材料搭配组合的艺术表现形式等。通过课程的学习，使学生了解并掌握室内设计材料的基本分类，材料使用的施工工艺及材料组合搭配后形成的形式美感。使学生能够在环艺设计中熟练运用材料进行表现空间效果与设计思想，并提高其空间设计的表现能力。

课程要求：
1. 通过理论教学，全面地向学生讲授室内设计材料运用的基础规律知识。
2. 通过市场调研，使学生全面了解室内设计材料的特性。
3. 通过系统作业练习，使学生把握室内设计材料的搭配组合规律，掌握形式美感在装饰材料搭配组合中的运用法则。

课程设置的特点：
我院该课程的设置不仅仅从技术层面进行课程教授，而是旨在建立专业基础课与专业设计课之间的紧密联系。把对材料使用的技术认知与审美表现有效地联系在一起，从而实现造型基础课与专业基础课的有效过渡，进而加强学生的设计造型表现能力。其特点如下：
1. 培养学生主动寻找造型的能力，从多角度、多层面来提高学生的造型创新能力，突破学生被动接受知识的局限。如下图：在室内设计中利用随处可见的酒瓶作为造型的元素加以组合，形成咖啡厅墙面的装饰。培养学生运用常见的材料进行新的形态组合的能力，有利于学生从多角度、多层面审视问题，拓展思维层面。

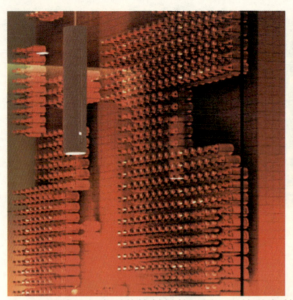 

2.通过对各类型装饰材料的运用,训练学生利用材料进行抽象组合造型的空间表达能力,进而提高其审美水平。

3. 培养学生运用装饰材料造型进行塑造色彩、光影的能力。理解材料结合色彩、光影对于空间效果表达的重要性。

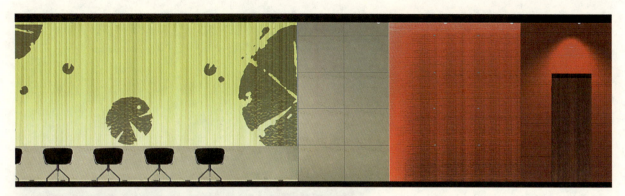

2004-2009 | CHARACTERISTIC COURSE RECORD

NATIONAL UNIVERSITIES AND COLLEGES OF ARCHITECTURE AND ENVIRONMENTAL ART DESIGN | 特色课程实录

设计基础课程 | Design Foundation Course

课程名称:走进石头的空间——"艺术与建筑"实验性课程系列

主讲教师:多米尼克·提诺(Dominique Thinot)

男,1948年生于巴黎,法国巴黎国立高等装饰艺术学院教授及亚洲事务负责人,巴多拉夫瓦(BATEAU-LAVOIR)工作室艺术家协会会长。

吴昊,1952年生于陕西,西安美术学院建筑环境艺术系系主任、教授、博导。

1980年至1984年就读于西安美术学院工艺美术设计系,获学士学位。

一、课程大纲

(一)课程目的和要求

本课程是建筑学科和环境艺术设计专业方向的综合性基础实验课程,该课程的目的在于将传统绘画手段与现代艺术设计教育相结合,让素描在信息化时代的环境艺术设计中发挥更为重要的作用,通过传统素描,让学生从自然界的事物中提取设计形式及原创启示,借此认识并解决什么是具体的设计创意,设计创造源于哪里,如何寻找以及如何发展自己独特的创造性思维等有关于设计意识本源的问题,从而解决在环境艺术设计教育中设计创意与意识培养的难题,最终实现环境艺术设计教育从素描里汲取全新的设计理念、意识、方法和元素,找到两者更深的专业结合点并再次焕发新的光彩和内涵。

(二)本课程要求学生了解并掌握以下内容

素描作为丰富空间物体的分析工具是此实验性课程必要的学习过程,课程将首先从个人表达和创造性的培养开始,通过素描、色彩和体量的研究帮助学生分析结构,这个过程旨在让学生理解一个具体的空间、形式的研究方法,理解一个城市或建筑环境的形式和空间的和谐发展过程。引导学生在实践中制作一个物体或设计景观、环境的方法等等。学生的创意将通过一件制作体现出来,在作品中应展示学生学到的方法、技术和艺术思想并在教学汇报观摩展中展出这些作品。

该课程以选拔硕士、本科优秀学生形成的研究团队为主,以从西安商南地区采集而来的形态各异的矿物质岩石(如:方解石、拓楠、金云母、黄铜矿、赤铜矿等)为实体参照物,通过运用素描的绘画手段来解析和放大石头的形态与体块之间的空间构成关系,让学生在大脑中形成的实体形式和空间元素认知信息的潜意识,转化成环境艺术设计创意的灵感。

教学研究的设计思想是在2300毫米×1800毫米的纸幅上运用素描的研究手法对各种形态的石头进行实体、空间构成分析和艺术性创意,然后再通过泥塑建筑设计模型将前一阶段的研究成果转化成原创设计方案,所以,课程也主要分为专业绘画性素描阶段和建筑设计创意模型制作阶段。

(三)课程计划安排

章节	内容	总课时	讲授课时	习题讨论课
第一章	理论讲解	8	5	3
第二章	小素描稿	8	8	
第三章	大素描稿	16	16	
第四章	模型制作	16	16	
第五章	汇报布展及展览	16	5	
	合计	64	50	3

(四)课程作业要求

作业之一:素描小稿

要求:在A3的素描纸上先对方解石进行小幅画稿的素描绘画,要求在摹写对象的同时,使画面体现城市与建筑逐渐生长的意识。

作业之二:素描大稿

要求:在2300毫米×1800毫米的大幅水彩纸(一般的素描纸不能满足要求,故使用水彩纸)上将素描小稿的形象整体或局部放大，并参照方解石进行深入。素描研究与表现形式以碳条和色粉为主，征得教授同意的学生可以运用铅笔与彩铅。本阶段旨在运用素描的研究手法对各种形态的石头进行实体、空间构成分析，并要求学生将绘画的过程理解为建筑和城市生成的过程，逐渐积累艺术创意的观念。

作业之三：建筑泥塑模型

要求：将在前面两个阶段积累的设计艺术创意观念转化为泥塑模型表达，运用泥塑的三维造型手段，使学生更深刻地理解实体与空间的关系及其生成过程。

作业上交形式：

1. 小素描稿：420毫米×594毫米一副
2. 大素描稿：2300毫米×1800毫米一副
3. 建筑泥塑模型

（五）课程考核标准

人员	总分值	20		30				50			100
	类别	素描小稿		素描大稿				建筑泥塑模型			合计
	项目	建筑生成感	城市生成感	个性特征	建筑城市生成感	原型空间意识	光色分析	空间原型意识积累表达	设计形式感表达	两者合理衍生与驱动	
	分值	10	10	5	10	10	5	15	10	25	
	各项得分										
	合计得分										

二、课程阐述

课程特色：

1. 教学用具的选择与创意思维训练

本课程的教学方法开放而且灵活，以从西安商南地区采集而来的形态各异的矿物质岩石（如：方解石、拓楠、金云母、黄铜矿、赤铜矿等）为实体参照物，通过运用素描的绘画手段来解析和放大石头的形态与体块之间的空间构成关系，让学生在大脑中形成的实体形式和空间元素认知信息的潜意识，转化成环境艺术设计创意的灵感。让学生通过传统素描的绘画手段，从自然界的事物中提取设计形式及原创启示，借此认识并解决什么是具体的设计创意，设计创造源于哪里，如何寻找以及如何发展自己独特的创造性思维等等的有关于设计意识本源的问题，从而解决在环境艺术设计教育中最重要的环节即设计创意与意识培养的难题。

2. 教学手段的推陈出新

本课程以现代教育技术应用手段为基础，以实验性教学成果为目的，进行了从专业的纵深发展方向到学生的个性化设计教育培养及设计师的设计形式元素提纯等多方面的教学改革，反映出了立足从实验性素描探索建筑创作与发展方向对当今环境艺术设计教育研究性实践的重要性。

该课程教学思维先进，教学方法开放、灵活：

（1）运用实验性素描的教学手段有利于学生进行空间设计形式元素记忆的潜意识积累，并最终转化为具有原创精神的设计形式核心；

(2) 运用实验性素描与三维创意模型相结合的教学手段，有利于学生对原创性设计思维的保存、分析、转化和升华；

(3) 运用实验性专业素描的教学手段培养学生具有个性特质的原创空间设计思维。

该课程中"石头"是走入空间素描的门，空间素描是走入实体空间的通道，三维泥稿模型则是走出空间素描和走进环境艺术空间的桥梁，这几重关系有力地证明了素描与环境艺术设计教育之间具有着深刻的相互作用、相互促进的关系；与此同时，此项研究也说明了实验性空间素描在现代环境艺术设计教育发展中的改革与创新具有非常重要的学术价值和现实意义。

三、课程作业

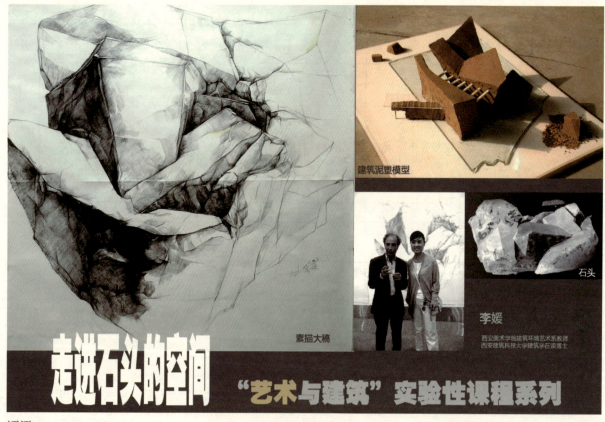

评语：

设计元素的提纯有两种形式，一种是对自然界中各种事物的实体性元素的提纯，另一种则是对原生的空间构成形式的提纯，这次的研修过程就是对方解石原生的空间构成形式的提纯，即对建筑空间原型形态的寻找过程。该生真实地感受了这个过程：从一块方解石入手，通过素描的手段，走进了以石头为原型的空间体系，又从石头中走了出来，在潜意识留存的痕迹作用下，进行了一个以美术馆为主题的建筑空间的转化、设计与制作。这是一个相对完整的过程，在走进与走出中，实现了一次从设计方法到设计理念的超越。素描是进入，设计是走出，而它们都以形式表现了一种生动的真实，这种状态，它让学生体验了静如止水中的律动和内涵。

走进石头的空间

"艺术与建筑"实验性课程系列

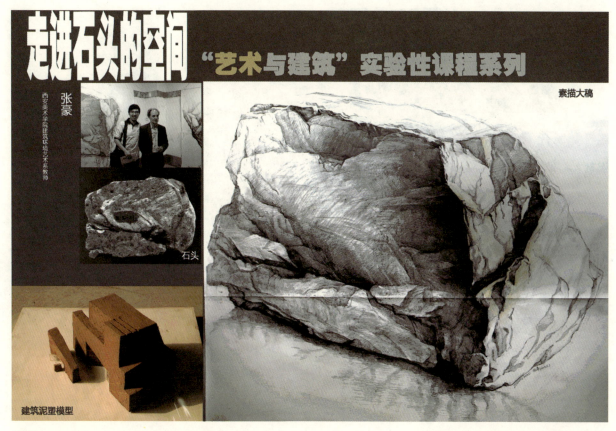

张豪

西安美术学院建筑环境艺术系教师

石头

建筑泥塑模型

素描大稿

评语：

设计源于自然，以石头这一自然物为元素展开，找寻设计最初的母体。这里我们描摹石头、读懂它身上的特有信息，感受着自然带给人类的设计力量。色彩、光线、形体、符号等设计的要素一一在石头上找到了答案。步入石头，来到空间的世界里；分解石头，重构出无限延展的设计思想，这里学生完成了一次由自然向设计的转变。完成了画面由小变大、由二维转向三维、由石头变成建筑的过程。

这里设计的两个方案源于石头，取名为"斜"。该生将两次对石头的感受用设计记录下来。"斜一"以"金云母石"特有的斜度与片状感觉为设计要素，进行形体的减化，形成多组有逻辑关系的序列组合。同时主要形体的斜型洞口，既呼应了主题，也给空间增加了一丝轻盈的灵动；"斜二"中提取了石头中块状物体造型，进行空间的组合。大体量的实体空间用透光材料变得轻盈，该生试图寻找一种由实体到虚体、由矮到高、由密到疏、由复杂到简单的关系。

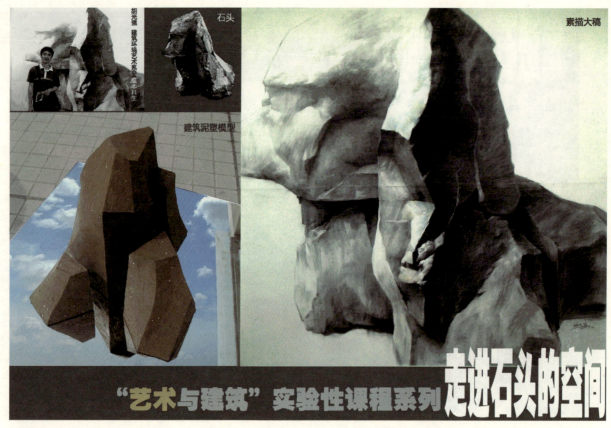

评语:
　　你可以把它画得无限大,如果你的纸张够大的话,你可以把它画得无限大,就是说,当你面对这样一个事物的时候,你可以变成一个非常大的建筑物中的一个人,可以在建筑中间穿行。
　　可以看出,通过素描的手段,他还是对空间有了一定的理解,如果从理解空间的实例上来看,他的作品是最典型的。这个石头还是一个石头,如果将一块石头转化成空间,我们可以看到有几个虚形的空间,他将这几个虚形空间分离出来了,说明他对空间有了足够的认识。包括大家看这个虚形的空间,处理的都很微妙。他通过这样一个设计训练的过程,认识到设计和空间的关系,他能够从石头中找到这个空间,并且他能把它其中的某些小的体块分离出来,假如说,要是把它合起来,那结果就不是这种感觉,这一小块拉出来,这就是空间。因为它既存在于这个空间又存在于那个空间,这个虚形空间是实形空间之间的一种联系。所以说,平时我们做的素描是不会考虑这些东西的,大多数的素描是,素描就是素描,它就是研究技法的一种手段,素描就是研究如何让它很像的这样一种手段,怎么让它虚,怎么让它实的手段。现在,咱们的这个课程就通过这样的教学手段,让素描结合到设计和专业中来了。本身,这个问题就都解决了。只有在这样的一个过程中,我们将最后的作业完成以后,我们的问题就全部解决了。所以,我觉得他的这个作品还是有特点的,希望你在写的过程中能够把你画面的这种轻松的感觉,以及轻松过了以后的对空间上理解的深度还是要在文字里面反映清楚一些,这也是非常需要的。只有把这些事情交代清楚,才是一个完整的过程,不能说,我做得非常棒了,但是,我在介绍的时候却讲不出来,如果你讲不出来,你就要把它写出来,文案要相对比较完整和彻底,当别人拿到你的文案的时候就可以理解你的作品,这也是我们的教学要求。

西安美术学院建筑环境艺术系

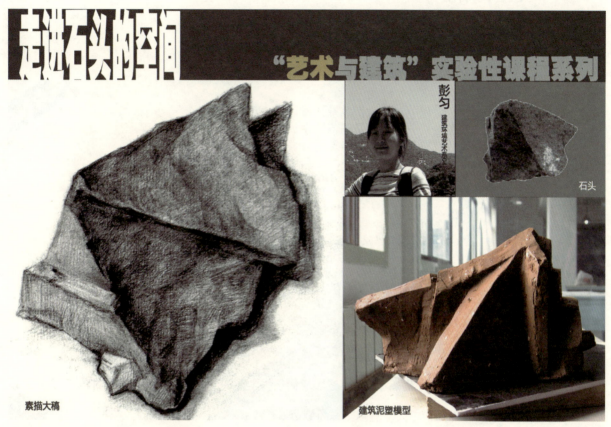

评语：
我们选择一块石头，很自然的石头来展示设计，证明了你对这块石头有这种倾向，这块石头很符合你的性格，你在这块石头上进行二次发挥的设计就是你的原创，而带给你原创的感觉不是说别人都对它感兴趣，是你在这其中发现了美，这种审美不是每个人都能够发现的。

（点评：吴昊教授　录音整理：李媛）

课程名称：**专业构成设计**

主讲教师：**陈新生**

男，1955年出生，合肥工业大学建筑与艺术学院艺术设计系主任、教授、硕士生导师。

1982年毕业于中国美术学院，2003年法国巴黎艺术城研修，中国室内设计学会高级室内建筑师。

一、课程大纲

在构成设计专业的课程中，专业构成设计课程的设置是一个必不可少的环节，它是由最基本的艺术元素入手而进行的艺术形式训练，也是一门造型训练的基础课程和提高课程，是一切造型艺术专业的基础和升华，它主要是通过对材料、形态、空间、造型及光影等问题的研究与探讨，使学生能以全新的角度来认识立体形态与空间的关系，并能以开拓性的思维对材料和造型进行具有独创性的开发，进而培养学生对立体造型的感受力、独创力及计划的可行性等能力。

因此，对专业构成设计课程的建设是一项非常重要的任务。"专业构成设计"的设置不仅是为了能提升学生的绘画表现能力，还可以为学生间的交流创设空间，更是力图想让学生了解专业构成设计的设计原理、内容和方法。积极主动地参与学习专业构成设计这门课程，能够独立完成专业构成设计的方案，培养学生独立思考、多方案比较、意图表达、实践动手能力等的综合能力。这个课程本身就是使生活中的美艺术化，艺术体现生活化，它设计的内容，不像理论学习那样枯燥，学生一般都很感兴趣。专业构成设计是创造性的活动，因此，认识设计元素，并且能运用这些元素去挖掘生活中的美，表现美的事物，这对培养学生的创新思维具有很大帮助。

（一）本课程主要有以下要求

1. 要求建立合理的知识结构，完善原构成设计专业的课程基本知识、基本技能、基本应用的框架。

2. 要求在组织教学内容、实施创新与实践教学、课题的设置等方面进行整体优化，建立一套符合艺术设计教育的课程体系。

3. 特别要求重视实践环节，保障能够适应现代化教学需要的基本条件。为学生的制作力和表现力提供一个良好的支撑。

4. 要求实行师生之间的多向交流相结合的多边教学模式。

5. 重点要求加强实践教学环节建设，在实践教学环节中应致力于学习能力、实践动手能力、创新能力的培养。

6. 此外要求每学期定时组织《专业构成设计》课程的教学研讨。任课教师互相交流，互相沟通，提出自己在教学过程中发现的问题和好的教学方法，共同研究，共同提高。

（二）课程计划

课时：40课时（理论讲授与作品欣赏4课时，上机2课时，实践练习与辅导34课时）

教室：多媒体教室、实践练习工作室、电脑教室

课程安排：

1. 理论讲授与作品欣赏（4课时）

理论讲授（2课时）

本课程的理论讲授专业构成设计的原理与设计规范要求。以设计来连贯所讲授的理论和以前所学的知识。

作品欣赏（2课时）

本课程的作品欣赏运用多媒体进行辅助教学，大大提高了教学的形象性、直观性，开阔了学生的眼界，拓展了学生的思路，同时使授课容量增加。

2. 上机（2课时）

本课程的上机课程运用电脑进行辅助教学，大大加强了课程的丰富性，使学生能对所进行的课程达

到开放性的发挥和表现。

（三）实践练习与辅导（34课时）

本课程的实践练习与辅导采用研讨式教学法。采用开放型的启发式、研讨式教学法，鼓励学生不囿于书本，不拘泥于老师的传授。引导学生交流研讨，激发学生学习的主动性，让学生学会发现问题、分析问题，并且能够独立解决问题，努力营造一种开放式的多元化学术氛围。引导学生进行实际感受和体验。除了课堂上理论知识的传授，还引导学生发掘在现实生活中他们不曾留意的一些平凡事物身上潜在的审美意味，写出感受及创作思路。鼓励学生在自然有机材质的层次上开发创造性思维，获得对生命体的深层理解，并根据这些结构单位，发展出新的组合系统，创造出新的构成形体。通过这种教学方式增加了学生对造型的敏感性，充分调动学生的感知力。

1. 几何与构成（基本型的搭配构成）

棱柱体、圆形与曲面体、多面体、三角平面与锥体、方形平面体、圆柱体。

2. 群化与类同（韵律与节奏的搭配构成）

截取、积聚、组合、叠合、综合。

3. 抽象与变导（风格化的搭配构成）

象征与符号、后现代手法、传统语言、表意与怪异、减法构成、退台处理。

（四）考核标准

每一课的评价学生作品和考核标准要体现出处于不同发展程度中学生的实际状况，多挖掘他们作品的闪光点，予以肯定，最好是在作品评价中划分三个层次：基础层面、深化层面与探究层面，鼓励学生去说、去议，增强学生的口头表达能力与实践动手能力。

1. 学生成绩的评定采用以主讲教师为主，其他辅导成员与其他学术成员共同参与评判的制度，严格把握评定的标准。

2. 学生成绩为百分制，由三部分构成：平时的考勤成绩(20%)、介绍作品方案成绩(30%)、作品成绩(50%)。

二、课程阐述

1. 专业构成设计课程在高等艺术设计教育中起到很重要的作用。课程内容从建筑设计、景观设计、室内设计等相应专业需求出发，进行针对性的课程内容设置，力图使学生能从中获得必要的知识，以此适应本专业的要求。在实践教学中，本课程注重培养人才创意能力与实际操作能力，引导学生在实践训练中熟练掌握设计原则，树立创意设计思维方式。

2. 专业构成设计课程是专业性很强的课程，它所面对的是艺术学院的所有专业，因此，要结合学生各自的培养目标进行适当的课程内容设置，比如，针对室内设计专业的学生的课程内容设置，就应区别于建筑设计和景观设计专业，可以重点进行空间围合造型的训练，以对色彩、肌理的关注为主。

3. 专业构成设计课程并不局限于传统构成设计的教学方式，并不是仅仅把重点放在对形态造型的审美作出选择与判断上，而是还会对色彩、材料以及相关的技术与工艺等方面的知识作更广泛的探索与研究。因此，课程要求学生在实际设计中结合设计本体综合考虑结构、材料、功能等因素，在强调表现性和形态创造性的同时，融入时代的气息与精神内涵，把功能以及技术因素等纳入到学习的范畴。

4. 专业构成设计课程深化了高等艺术院校设计类专业关于专业构成设计课程的不足，对于改变一直以来沿用西方设计教育模式的现状进行了大胆的探索和实践。其汇集了中国典型构成设计传统课程的内容，与现代设计和实践动手能力进行融合，这并不是简单地对构成设计传统课程内容的拷贝或挪用，而是在理解、挖掘、分析构成设计的内涵后，结合现代设计的特点，以实践动手能力作为结合点，通过实践环节为学生营造出一个用所学构成理论知识解决实际问题的环境。逐渐形成以教师指导为辅、学生自主完成课题为主的实践教学模式，成为培养学生创新能力的一种有效方法。

5. 专业构成设计课程不仅要教给学生构成艺术知识，还要培养学生的设计思维和创新能力。教学内容会吐故纳新，能更好地处理好传统构成内容与现代构成内容的关系，在讲解传统构成内容的同时，注意渗透现代专业构成设计方法的观点和理念，使专业构成设计课程成为专业设计延伸发展的接口。构成艺术是创造性的活动，手脑并用的实践过程是专业构成设计课程一个非常重要的环节。这对于提高学生的综合素质、培养学生的创新精神与实践能力具有特殊作用。

三、课程作业

作者：张蓝图

评语：
　　这一组作品具有整体性，采用了两点透视表现专业构成设计，造型较为美观。作者大量运用了基本形的相加和相减，以及形与形之间巧妙的透叠的方法使大部分形体结构相同，小部分相异，与此同时表现出了画面的黑白灰多种层次，使整组作品取得了既统一又富有变化的观感，构成形式十分严谨。但是本组作品缺少细部和焦点，使整组作品的造型内涵不够十分丰富。

合肥工业大学建筑与艺术学院艺术设计系

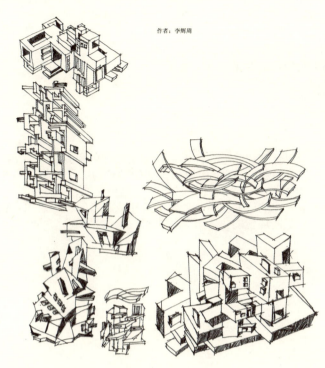

作者：李辉周

评语：
　　这一组作品造型具有整体性，构思巧妙。专业构成设计造型语言十分丰富，整组作品形成了强烈的韵律感。作者利用巧妙的形式秩序达到了视觉上的美感，节奏和表现形式把握很好。在一定程度上，增强了构成的表现效果。但是本组作品的画面中心没有处理好，使整组作品重心的量感不够强。

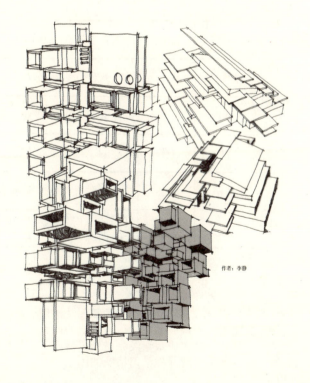

作者：李静

评语：
　　这一组作品造型内涵较丰富，整个专业构成设计表现得很新颖的同时充满了生机，聚散合理、主次分明，视觉效果较强烈。作者在造型上构图巧妙，结构完整，细节刻画得很细致。画面的层次十分饱满、富有变化。但是本组作品过分强调细节，形式上的一致性没有把握好。

课程名称：**色彩构成**

主讲教师：**马克辛**
男，1959年1月出生，教授，鲁迅美术学院环境艺术设计系主任。
1983毕业于鲁迅美术学院，毕业留校任教至今。

一、课程大纲

（一）本门课程的教学目标和要求

通过色彩构成课程专业学习，使学生综合运用色彩的明度、纯度、色相来进行色彩的秩序、空间、冷暖的训练。掌握色彩学的基本理论和色彩构成美的规律。能运用色彩调和的理论与方法，构成组织画面主体的几块颜色对比协调的规律，并运用于设计之中。

要求学生在较短的时间内，进入色彩的本质规律的研究。做到能够独立完成丰富的色彩组织、构成色调，并有秩序，达到对比和谐。并将其规律用于空间环境的色彩气氛的把握，驾驭自如。

（二）课程计划安排
第一单元：色彩的基本概念（4学时）
第二单元：色彩的调配（4学时）
第三单元：色彩的配色方法（8学时）
第四单元：实习辅导（60学时）
第五单元：总结（4学时）

（三）课程作业内容

小稿	30张	每人按要求画100个小色稿，选30张优秀小稿交作业
秩序	1张	做色彩秩序训练作业，强调画面色彩协调。作业尺寸：300毫米×300毫米
空间	1张	做色彩空间训练作业，强调画面色彩空间。作业尺寸：300毫米×300毫米
个性	1张	做色彩个性化训练作业，强调画面色彩对比。作业尺寸：300毫米×300毫米
九宫格	1张	做色彩"九宫格"训练作业，强调画面色彩的综合表现
换色	1张	自己从室内外景观图片中选择，重新组织构图，把色相归纳组织完成色彩调子的训练。作业尺寸：300毫米×300毫米

（四）考核标准
1. 色彩构成基础理论知识的掌握及运用
2. 运用色彩构成基础知识再创造的能力
3. 作业整体完成数量及完成质量情况
4. 其他可体现课程学习情况的因素

二、课程阐述

　　本课程的宗旨就是要揭开色彩奥秘,将紧贴时代,根据科学的认知规律、学习要素及综合国内外教学方法,对色彩科学规律和艺术规律以全新的角度进行全面、系统的阐述,并侧重于推出经过教学实践检验的色彩综合训练法的研究新成果,即新的色彩教学方法。目的在于提高学习艺术设计的学生色彩的审美意识,掌握灵活地运用色彩美的规律,最终达到富有个性地创造色彩美。

　　提高学生对色彩学与设计色彩美学的认识,使之从广度与高度上掌握色彩语言,是本课程的宗旨之一。通常我们把色彩学作为从事视觉形象即艺术设计及绘画创作人员必修的一门重要课程。在我国,目前以培养艺术设计、绘画美术类方向为主的院校,基本上已形成了成熟稳定的色彩学教学的两大体系。科学的色彩光学理论体系即色彩构成学,虽然引入我国艺术教学中已近二十年了,对色彩教学的改革、色彩应用及色彩教育的发展起到了推进作用,但也存在某些弊端。最为突出的是形成了极端理性化、概念化、千篇一律的色彩训练模式。形成这种局面的原因,首先是对色彩美学教育普及滞后的问题。在较发达国家的教育体制下,对色彩美学理论体系以及色立体概念,甚至包括艺术院校所教的色彩构成课中的一些基础知识的学习与掌握,已在相当于高中的各类职业艺术学校中完成了。他们对色彩美学教育的普及至少要比我们早几十年。由于环境艺术领域要比其他设计领域所涉及的方面广,在设计中更要求有整体理念,所以艺术设计专业的学生,对色彩美学的掌握更应深入、全面。

　　本课程的另一个宗旨是使学生能真正掌握综合色彩美的规律。在这方面的教学最容易犯的毛病是:将符合色彩光学规律色彩因素的单项配色实践,与创造色彩的和谐、综合美,两者相混淆。色彩学要解决的是创造个性化的色彩综合美,是将符合艺术规律的色彩组合,应用到我们的设计实践作品中去。而对色彩美学的掌握以及色彩综合创作水平的提高,则需要在实践中,通过正确色彩训练的途径,大胆探索、研究、创新,去不断丰富它、完善它。在实际设计过程中,面临主题的设定、市场的调研、形象色彩、创意组织等诸多因素,平时的单一性的色彩训练方式,很难适应综合创意的高强度的需要,符合自然光学色彩原理的色彩组织并不都是符合美的规律,而符合色彩美的规律的色彩组织却是百分之百地符合自然光学色彩原理。我们所追求的是主旋律色彩与设计主题的统一;色彩选择与形式的统一;色彩空间与构成韵律的统一。这些综合因素,都应作为色彩教学以及创意设计的主导,按照色彩美学与艺术规律进行色彩基础训练,并将明度、纯度、色相、自然光学的色彩原理、配色协调规律等诸多构成色彩美的因素,自然地融入综合色彩和谐美之中。

　　对于艺术专业的学生来说,真正掌握综合的色彩运用以及创造色彩美的能力,步入社会后,在设计实践中成为一个成功的设计人才,本书的指导意义尤其值得重视。作者积多年的教学经验,针对色彩教学中普遍存在的问题,力求既解决艺术创作的本质问题,又从教学的角度求得基础与设计之间的转换。提高学生创造色彩综合美的能力,应用于设计实践,创造出新的富于个性的色彩美。本书将在色彩教学的后两阶段中,对色彩本质规律,侧重展开讲解,并推出实现色彩调和论的色彩综合训练新方法。

三、课程作业

没有对比色的色彩构成，是单调而无生命力的，有了对比而不和谐，也是显得十分不舒服，能使色彩达到既有对比又十分和谐。最重要的手段就是将色彩有秩序地组织、排列，我们称之为秩序法，也叫色彩的"谱曲"训练。

色彩秩序配色法

任课教师：马克辛

色彩个性配色法

一是能避免个人的习惯用色，二是能解决色彩与形象的主题统一。发挥每个人对色彩魅力的无限追求，达到个性训练的真正目的，既对色彩个性化美的体验，也是创造性极强的训练方法之一。

学生作品　　　　色彩个性配色法

色彩空间配色法

环境艺术是空间形态的美，强化空间的魅力是必不可少的。其中色彩空间的概念要强化并有主动性，要意识到色彩的冷暖空间感受，能有效地把握环境空间的艺术效果。

学生作品

九宫格配色法

"九宫格"配色法是一种高强度配色训练方法。也是色彩深入表现的有效方法，在把握整体色彩的前提下又能深入细部，丰富色彩关系，是色彩综合训练十分必要的程序。

课程名称：**苹果**

主讲教师：**王兵**
副教授、研究生（硕士）导师
毕业于德国杜塞尔多夫国家艺术学院，2000年师从Klapheck，Meister Schueler学位；2003年师从A.R.Penck，Akademie Brief学位。中央美术学院绘画专业朱乃正导师在读博士。
陈曦
副教授、研究生（硕士）导师
1987年毕业于四川美术学院附中，1991年毕业于中央美术学院油画系第四工作室。
于幸泽
2000年毕业于鲁迅美术学院油画系，2005年毕业于德国卡塞尔(Kassel)美术学院自由艺术系
2006年师从Juegen Mayar，Meister Schueler学位。

一、课程大纲

（一）课程设置

"苹果"既是我们作业的主题程序，同时也是我们利用技术分析思考的目标假设。我们对"苹果"的理解首先是形象概念，其次才会应用造型的方法给予苹果以特殊的个性解释。分解后的"苹果"在造型的处理方面有很多的可能性，它们的成立意义在于思考过程中我们每个人的主观发现，发现苹果的结构属性、概念的扩展推理。

（二）建议由以下几个涉入点进行课程的分析实践

1. 以苹果的核心造型推衍的构成形态分析。（从平面至立体）
2. 以苹果的特征联想而进行色彩形态的转折分析。（色度、色相、色差、色对比、色对应等）
3. 从苹果的态度（视觉）分离的原素性分解练习。
4. 以苹果概念的抽象标志进行符号衍生的练习。

以上的提示包括：平面构成、立体构成和色彩构成的知识应用与表达，它们是建立在虚拟的造型现象与理性的形式组织基础上的。苹果可以是个概念，可以被看作是质量体，可以被理解为有形态意味的空间，只有作深入的造型探讨，课程的目标和不同的形式内容才能逐步得以清晰现体。

（三）课程要求，考核标准

在16开专业用纸上作素描、色彩的构成形式的推理练习（也可以是三维的视频）。作业要建立有效的秩序、阶段分解和结论认定。每一个有价值的思维线索都需要作为作业流程的标志表现出来，其中包括不确定性因素。按照课程建议中1、2、3、4完成每一个小节的分析，以单元性的连续表述，反映出每个步骤所表达到的程度，要求不少于6种形式的转换结果。课程总结将按照作业的立意构思、表现技术能力给予成绩评定。

二、课程阐述

教案中所提示的内容仅仅作为同学们完成作业的实践目标，具体的细节与角度，需要同学们自主确定。这是一个开放式的课程。

意义：减少同学们对老师的依赖。老师的课程设置越是具体就越有局限，同学们也就越多地失去自觉主动的思考实验的机会。对同学创造性思维的培养，最重要的前题是获取一个未知的自由空间，也只有这样，同学们才能够产生自己的动机，自己的想法，自己的计划投入。

选择苹果作为课程分析的目标，原因是它们的形态源于自然，而又被我们所熟悉，它们意义范围除了具有文化品位，可剖解，还具有象征、形象原素的分解转化的可能性。它的天然性将因为我们对它进一步的分析阐述而产生更多的造型设计的延伸。

按照教纲所示1、2、3、4的基本原理，延续地发挥它的造型潜能，我们会在多方位、多种思维角度提炼，简约它的审美焦点，表达同学们不同的理解和意趣。艺术视觉所关注的造型设想关系到我们的思维密度、思维质量、思维变异的各种表现。造型经验的获得是在不断变化的构想中吸取的成熟的综合成

因。细微的、具体的意念积蓄了最有价值的经验结果，从量变直到质变的升华。即如蚕茧蜕变，通过造型的设想所包容的茧壳，进而升华到拥有自由空间、舒展任意的蝴蝶的想象境界。

三、课程作业

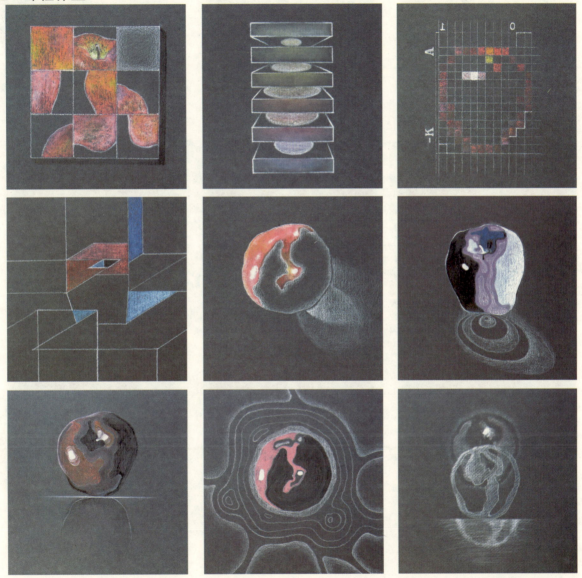

评语：
　　这个作业流程获得了"苹果"的解析性的造型陈述。它们秩序化地推衍出各种不同的重构条件，使苹果在视觉概念上产生了新的意义；表层自然曲线的错位，标示在方格中的连接对应，相对体积的内存包容；网格的局部律动引导出了主题联想；直线的纵横切换，质量的剥离、变异。它们有节制地应用了苹果的形象基因，在平面的阴阳转换中提取有限的色彩元素，建立了一种可以继续展开的形式构想。

评语：
　　苹果可以有很多的联想线索，因而引起了不同形式的构想。独立的形象如同是一个单词，它所表达的也只能是一种含意，将许多单词放在一起就会形成词汇。每个同学都能以苹果的启发寻找到它不同的意味表达，它们保持着原始的属性，但因意味的差异，从而达到一种更大的想像效能，发现更多个性的连接补充。

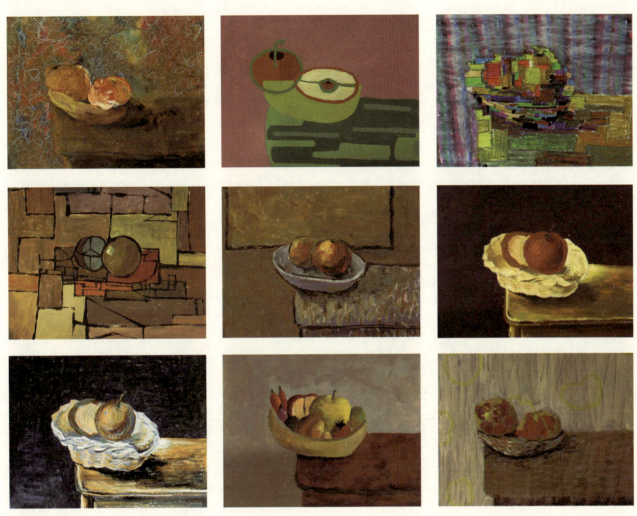

评语：
　　色彩主题调度了"苹果"组画的不同视觉状态。这组作业带有明显的感性倾向，它们连续地分析与设置了色彩在不同的色彩环境空间条件下所获得的不同感受。在相似的构图中发现其中因色彩组合条件不同而产生的意趣。形式手法在这个组合表现中发挥了重要的作用。如果能够按照色彩与光，色彩不同属性的交叠，色彩的多重性对比，增加或者降低色彩的纯度，对比度与内在的均衡多用，类似的作业就会持续推进到更大的范围，其体验会更加地丰富透彻。

课程名称：**设计基础三（形态研究）**
主讲教师：**王琼**

男，1961年生于上海，苏州大学教授，金螳螂建筑与城市环境学院副院长、室内设计系主任。苏州金螳螂建筑装饰股份有限公司设计院院长、副总经理。
1978至1982年就读于西北师范学院美术系，获学士学位。1985年至1997年在苏州城建环保学院建筑系、环境艺术教研室任教。2008年至今在苏州大学金螳螂建筑与城市环境学院任教。

一、课程大纲

（一）课程目的与要求

本课程的目的是让学生尽早地对空间形态有初步的认识，知道二维与三维之间的关系，具备一定的创造立体形态、空间形态的能力，为接下来的专业设计课程作好准备。课程向学生讲解初步的立体形态理念，从形态本质入手，通过平面、立体、空间的形式研究；运用点、线、面、体和色彩、材质等基本要素，结合丰富的构成形式要素，在构成合理形态骨格的前提下营造丰富的立体形态，培养学生对形态的感受能力，对物体在组合过程中的空间延伸、穿插、过渡关系的理解力。在作业完成的同时培养学生对材料的特性、结构方式、加工工艺和材料肌理的理解能力。鼓励学生运用综合材料完成作业，尽可能地在早期培养他们对不同材料敏锐的感受。

本课程与设计素描和设计色彩课程同时进行，互为依托。本课程为设计素描的形态拓展奠定系统的理论基础，拓宽学生的创作思维，更让学生从单纯地在平面上创造三维改为模型的制作，更加深刻地理解了空间和立体形态的概念。在几次作业之后，设计色彩中的材质拓展作业，学生的创作也显得更加游刃有余。

（二）课程计划安排与课程作业内容

周数	教学内容	作业
1	构成要素（1）点、线、面	根据点线面的基本原则制作模型
2	构成要素（2）色彩、肌理	运用色彩和肌理要素来制作模型
3	立体形态构成的形式要素	任意挑选一种形式要素制作模型
4	期中测试	提供固定平面，让学生运用前面所学的形式要素自由发挥制作模型
5~11	介绍并且分析大师的建筑。辅导学生读图，指导学生如何从图纸中演变模型	大师建筑分析图演变为实物模型与分析模型
12~14	期末考试	每个学生前期完成单体模型，再进行小组讨论组合每个单体，进行修改，重新制作比例较大的模型组合。

（三）考核标准

1. 个人模型阶段，模型形态完整、设计思维清晰、设计理念新颖　　30%
2. 模型合作阶段，整体模型整合概念清晰，形态完整　　30%
3. 合作阶段，团队合作能力突出　　20%
4. 模型制作精良、图解能力强、图纸表达设计理念准确、画面效果强烈　　20%

二、课程阐述

1.立体形态是造型研究的原则，甚至是所有设计的一个关键，对每一单元知识点的掌握直接影响学生的设计能力。所以，应针对每一个重要知识点，结合具体例子、示范，给学生多加讲解。再加上课后作业和辅导，使他们有更深层次的理解和掌握。学生通过做模型，选择大自然中的任意材料，对自然材料的运用有所了解。通过作业的点评，加深学生对前面所学的立体构成的基本元素的认识，希望通过作业让他们形成自己的审美。

2.打破以往的一个理论知识一个小作业的形式,而是把知识点综合打包,使知识点融会贯通,采取特色的设计课题,使学生充分理解与把握形态构成。

3.创新作业设计课题

(1)空间的营造

要求:平面为正方形内包含1/4正方形,外正方形边长为25～30厘米,做三维模型,高度不限,运用所学的知识点自由发挥制作模型。

(2)临摹大师建筑

要求:分析图演变(包括手绘效果图的展示);对大师作品的资料描述;以草模为主。

材料:模型卡、纸、KT板等。

(3)模型组合作业

第一部分单人独立完成单体模型,第二部分以六名学生为一组进行小组讨论,组合每个单体,进行修改,重新制作比例组合模型。

要求:学生前期独立完成单体住宅模型;后期分组,按组组合模型。在组合过程中,根据整体模型设计理念修改个人模型;版面包括:①个人模型或手绘草图;②整体模型;③设计草图;④设计说明。出图:A4彩色打印。

三、课程作业

评语:

这份作业意在研究空间构成的几何特性,考虑限定空间的要素。从平面图形开始加入第三量度,按平面投影的逆过程,将其作多种立体解释,如升起、下沉、围合等。抽象几何空间的研究与各种表达的手段结合起来,建立了具有丰富想像力的空间。

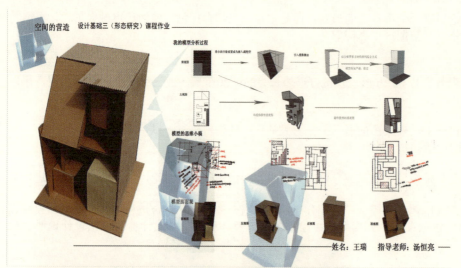

评语：
　　这位同学的作业很好地研究并表达了由一个二维的平面转换为三维空间形态，以及这个实体空间内部和外部形成的和谐整体。研究过程完整，从题目出发，强调从设计的角度来观察问题，运用瓦楞纸制作，很好地理解了形态的基本概念及形态的构成要素，并且很好地掌握了形态组织的基本规律及获得秩序的一般方法。

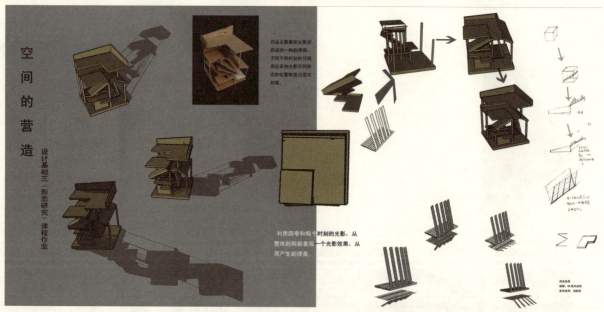

评语：
　　这位同学的作业主要想表现光影与空间的变化关系，从二维到三维的塑造过程中，反复试验，通过线面的组合关系，分析其微妙变化，寻找光影与空间的韵律，设计思路表达清晰，组建了一个具有想像力的空间。

苏州大学金螳螂建筑与城市环境学院

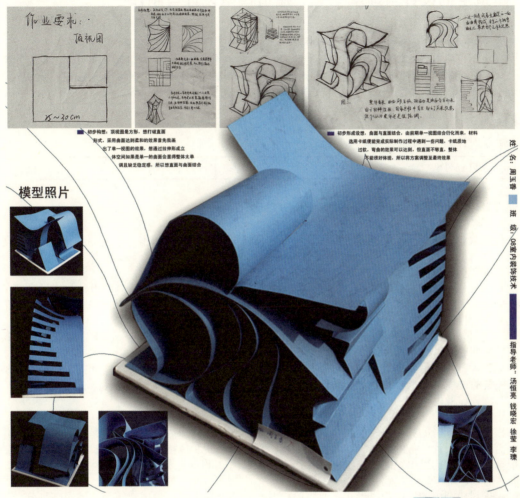

姓名：周玉春
班级：08室内装饰技术
指导老师：汤恒亮 钱晓宏 徐莹 李瑛

评语：

这份作业作者的意图是想通过打破单一的直面效果，通过直面与曲面相结合的形式，运用形式美法则，来塑造立体空间，作品巧妙地利用卡纸的柔软特性，实现了从二维的平面到三维曲面的变化，整个三维空间表达流畅，设计思路完整，是一幅好的空间想像作品。

143

课程名称：**建筑空间设计与理解——"建筑模型设计与制作"**

主讲教师：**张品**

女，1959年生于天津，教授，硕士生导师。

1986年毕业于天津美术学院工业设计专业，1998年破格晋升为副教授，2003年晋升为教授，2001~2005年任天津科技大学艺术设计学院院长，2004~2005年公派到英国Brunel University做高级访问学者，2005至今任教于南开大学文学院艺术设计系。

一、课程大纲

（一）学时计划与学分

总学时：48	周学时：12	学分：1.5

（二）教学对象

本课程为环境艺术设计专业三年级学生（第五学期）设置。

（三）预备知识

该课程要求学生应具备绘画基础、摄影基础、立体构成、环境设计初步、建筑测绘、建筑设计等相关基础知识。

（四）本课程在教学计划中的作用

本课程为实践性课，主要研究：1.建筑模型的种类、特点、制作方法，了解模型设计与市场之间的关系。2.对建筑空间概念研究，研究空间与空间的关系、空间与环境的关系。3.对建筑设计课程方案的深化研究。

（五）课程目的和要求

本课程是环境艺术设计专业方向专业基础实验性课程，该课程的目的在于让学生深入理解建筑空间环境，建立学生创造性思维方式，同时也是建筑设计课程的延续与深入。

模型设计课程主要解决建筑空间中空间与材料、空间与光效应、空间色彩等之间的关系，在完成工作模型和展示模型的过程中培养学生的空间想像力，并通过动手制作与研究的辅助方法达到教学目的。

（六）课程作业内容

1.工作模型

工作模型是设计者的第一自发作品，有时也可能是即兴创作。一般来说，模型是按照图纸来制作的，而设计图纸需要根据设计任务的要求（如面积、功能、高度、形式和风格等）解决建筑物或室内空间的问题，设计者根据基本要求构思出空间结构印象，并作出初步草图（平面图或立面图），然后以此为基础，横向或纵向发展，形成建筑物或室内空间的立体形式。

目的：探讨模型中的空间构成形式，通用的材料有吹塑板和卡纸，表现建筑空间的内部划分，为今后建筑设计中的布局铺垫基本认识。

2.展示模型

展示模型——是建筑师完成建筑设计之后，将方案按一定的比例微缩之后制作成的一种模型。这类模型无论在材料上还是在工艺上都十分考究。其主要用途是在各种场合上展示建筑师设计的最终成果。

展示模型是一个完美的、小比例的建筑复制品，展示模型可以在建筑竣工之前按照施工图制作，也可以在工程完工以后按实际建筑物制作。其要求比标准模型更为严格，对于材质、装饰、形式和外貌的表现要准确无误，精度和深度比标准模型更进一步，主要用于教学陈列、商业性陈列，如售楼展示等。

该课程中展示模型部分是建筑设计课程的深入，其中主要对空间的合理性、材料、建筑色彩、建筑与光等方面进行协调统一。

3.工作总结报告

是对整体工作的总结和认识，从理论上认识研究的难处和如何创新、怎样创新，明确今后工作的努力的方向。

（七）课程具体计划与时间安排

周次	内容	总课时	讲授课时	课时外附加课时	课程实践
第一周	工作模型初探（工作模型的分析与实践）	12	6	6	6
第二周	展示模型设计与制作	12	3	6	9
第三周	展示模型制作与深入	12	3	12	9
第四周	展示模型设计与制作及成果展示	12	6	12	6
合计		48	18	36	30

（八）课程作业要求

作业一：方案模型设计

模型底板尺寸420毫米×570毫米

基地特点：坡地或错层地形

建筑形态：平面为不少于三组形态的构筑关系（含内庭院空间）

立面为不少与三个层次变化的形态关系

环境构成：绿地水景和不同层次的植物等自然元素配景

制作要求：

（1）完成建筑平面、立面、空间环境的研究草图　　（4）材料不限，色彩以单色为主

（2）建筑功能及形态自拟　　（5）完成模型的摄影30幅

（3）尺度必须严格符合比例关系

作业二：展示模型

完成别墅建筑设计模型制作

制作要求：

（1）模型制作为展示模型　　（4）材料跟制作方法不限

（2）模型底板尺寸420毫米×570毫米　　（5）制作风格特点要鲜明独特，符合建筑本身特征

（3）尺度必须严格符合比例关系　　（6）完成模型的摄影30幅

作业三：工作总结报告

　　从设计思路与创新之处、制作难点与解决方法、今后努力方向总结课程的全过程。要求不少于2000字的书面总结报告。

（九）考核标准

分值	30				50						10			100
课程项目	工作模型				展示模型						工作总结报告			
评价标准	空间构思	创新之处	技术能力	工作态度	空间与空间处理	空间与色彩	空间与材料	空间与光效应	技术能力	工作态度	设计思路与创新之处	制作难点与解决方法	今后努力方向	合计
评价细分分值	10	10	5	5	10	10	10	10	5	5	10			90

二、课程阐述

课程特色：

1. 创意性思维训练与材料的运用

模型设计是一项非常严谨的课程训练，运用启发式教学方法从自然界的事物中提取设计元素，以绿色材料的运用为先导，认识绿色材料在建筑中的重要。通过模型制作，树立形态构成的空间概念，从而解决在环境艺术设计教育中最重要的环节即材料与设计创意的问题。

2. 教学的连续性与深化

从专业的纵深发展的教育方向，让学生的个性化设计与多学科的交叉性研究相结合，学生在建筑设计课程中没有解决的问题，在立体空间设计中不断地加以完善。

3. 提高学生对建筑图纸的理解以及相应的空间想像力，培养学生的建筑整体观以及建筑理性思维能力，训练学生的模型制作能力以及掌握基本的图解分析方法。

4. 模型成果讲评，学生拍照记录模型的拆解过程与状态；教师讲解相关的案例分析。

三、课程作业

1. 建筑名称：迪赛纳别墅

模型作者：张文

作者学号：0612502

制作时间：2008年12月15日——2009年1月7日

制作材料：细石膏、木塑板或PVC板（1毫米、2毫米、3毫米）、软木（0.5毫米）、塑料管线、有机玻璃板、玻璃纸（蓝色、无色）、泡沫、乔木枝叶、木屑、泥土、UHU胶、白乳胶、双面胶、二极管、细电线、石头、草粉、树粉

模型比例：1:80

点评：

该学生工作非常认真，模型的内部家具也是很重要的环境。用1毫米的木塑板和方条做内部家具，有些家具因为太细小，将1毫米的木塑板从中间剖开，做成0.5毫米的板材，制作椅子。在模型制作中不断发现问题解决问题，具有理性思维的能力。

2. 建筑名称：我的家
模型作者：周怡舟
作者学号：0612532
制作时间：2008年12月15日～
　　　　　2009年1月7日

点评：
　　该学生能够从整体角度出发，掌握建筑的空间、形态的具体情况，较准确将图纸与材料结合；其次，根据建筑的设计特点，选择合适的分析角度，对建筑形式构成逻辑进行深入分析。由内到外地包括从材质、色彩、空间、光效等方面深入研究与实践。

3. 建筑名称：Home
模型作者：杨贝贝
作者学号：0612499
制作时间：2008年12月15日～
　　　　　2009年1月7日

点评：
　　该学生以把握整体的角度为出发点，将材质、色彩、空间、光效等设计元素与建筑的整体相结合，体现材质的质朴感、亲切感，以及对结构的重新认识。

课程名称：**计算机辅助设计**

主讲教师：**高 颖**
环境艺术设计系，副教授。
1972年生于天津，1995年毕业于北京林业大学园林学院获学士学位，2003年于天津美术学院获硕士学位。

一、课程大纲

（一）课程目的与要求

《计算机辅助设计》课程为环境艺术设计专业基础类、实训性课程，是环境艺术类专业的一门必修课程，也是环境艺术专业的核心课程。通过教学掌握主流软件（3dmax2008、lightscape3.2、VrayRC1.5）在室内设计、建筑设计中的运用，目的是训练学生的计算机运用能力，掌握专业绘图软件的使用方法，为后续的专业设计课程打好基础，强调技能方面的训练。通过课程学习使学生能独立运用计算机辅助设计工具，完成建筑景观、室内空间的效果图表现。同时在以技术为主的《计算机辅助设计》课程里面，在保证教学效果的前提下做到将艺术的设计思想在有限的时间里面与技术操作的融合。在教学过程中着重强调艺术设计与实训技能之间的关系，突出艺术院校的传统优势，并结合计算机辅助设计技术的强项和广阔的发展前景，走艺术与技术

结合的道路，在掌握基本技能的基础上，要求学生活用技法，克服计算机制图的程式化现象，强化艺术表现感染力以及对建筑、室内、景观环境空间的塑造。

（二）课程计划安排

1.课程计划

本课程的教学时段为6周共计96学时。分为4个阶段进行。

第一个阶段——学习三维模型创建阶段。本阶段主要解决如何运用3dsMax进行环境艺术专业三维模型的创建。在讲述基础命令的基础上注重在环境艺术专业上的实际应用，主要通过10个具体建模案例讲述高级建模手段在环境艺术设计中的运用，在演示完整创建的过程中逐步讲述常用建模方法、技巧，有选择地针对难点、关键点作详尽深入讲述，而不是"大而全"方式的灌输。要求学生具备三维空间概念以及计算机操作的基本知识。本阶段以多媒体讲述和课堂实践练习为主，计52学时。

第二个阶段——学习运用Lightscape3.2进行渲染阶段。本阶段主要解决如何运用Lightscape3.2渲染巨匠制作室内装饰效果图。主要包括：准备文件格式下表面方向调整、表面细分、材质调整、贴图调整、灯光空间位置调整、块物体转换为灯光、光域网的使用、阳光解决方案；解决文件格式下重新定义材质、灯光；初始化；渲染输出参数。使学生能够完成室内模型的输入、灯光、材质调整、渲染输出图片。本阶段以多媒体讲述和课堂实践练习为主，计8学时。

第三个阶段——学习VrayRC1.5渲染插件阶段。本阶段主要解决如何运用VrayRC1.5渲染插件制作室内装饰效果图。主要包括：渲染参数的设置、Vray灯光、Vray阴影、Vray摄像机、Vray材质、Vray物体灯光属性、Vray常用材质制作、Vray散焦效果、Vray物体、室内效果图制作实例。本阶段以讲述和课堂实践练习为主，计12学时。

第四个阶段——综合练习、课堂辅导与习作点评阶段。本阶段主要解决如何综合运用各种工具完成环境

艺术效果图的表现；对学生课堂练习作业进行辅导、点评以及优秀作品的赏析，意在使学生掌握优秀表现图的标准，知晓通过课程学习的收获以及存在的差距。本阶段以课堂实践练习教师辅导为主，计24学时。

2. 课程安排

第一阶段的具体安排

序号	授课内容	课时数
1	3dsMax2008界面介绍、基础工具、二维图形绘制、Edit spline 二维图形编辑与精确作图、基础建模	4
2	变换操作、常用编辑修改器、Commound object 合成物体建模、loft 放样工具建模基本命令	4
3	Edit poly 多边形建模基础	4
4	沙发模型制作：主要学习Convert Editable Poly（可编辑多边形）建模	4
5	罗马柱模型制作：主要练习Loft 放样建模及scale 变形工具的使用	4
6	办公椅模型制作：综合运用FFD4x4x4、FFD(Box)、BEVEL、Edit Polygon等命令建模	4
7	水晶吊灯模型制作：掌握Lattice（晶格）修改命令的使用方法	4
8	马桶模型制作：认识Loft（放样）工具创建模型/Bevel（倒角）修改器的使用	4
9	台灯模型制作：主要掌握Taper（锥化）修改器，同时进一步学习Lathe(旋转)、Loft（放样）建模	4
10	床模型制作：主要学习EditPoly、Reactor、Shell、TurboSmooth 修改器的运用	4
11	窗帘模型制作：主要学习Loft 放样建模、图形中心点的调整、scale 变形工具的运用	4
12	一篮子球模型制作：掌握将物体转换为Editable Poly 物体，以及Turbo Smooth（涡轮平滑）、Spherify（球形化）、Symmetry（对称）以及Face extrude(面挤出)的综合使用	4
13	Aqua 模型制作：主要掌握Taper（锥化）修改器的使用，同时进一步学习Lathe(旋转)、Loft（放样）建模工具	4

第三阶段的具体安排：

序号	授课内容	课时数
1	Vray 渲染器渲染设置、Vray 灯光、Vray 阴影、Vray 摄像机	4
2	Vray 渲染器材质制作、、Vray 物体灯光属性、Vray 散焦效果、Vray 物体	4
3	Vray 渲染器制作日光效果、Vray 渲染器制作人工光效果	4

第四阶段的具体安排：

序号	授课内容	课时数
1	方案确定、综合练习三维模型的创建	12
2	材质编辑、灯光调整	4
3	渲染参数调整与渲染输出设置、后期合成	4
4	习作点评、课程总结	4

（三）课程作业内容

1. 作业命题

根据教师提供的建筑平面图进行方案设计，以计算机辅助设计工具完成效果图的综合表现。

2. 作业要求

作业内容：

（1）课堂阶段性练习；

（2）综合课题作业，要求上交最终渲染的.jpg文件以及.max模型文件。

图纸规格：

（1）电子文件大小420×297，分辨率300dpi；

（2）打印稿A4规格。

（四）考核标准

1. 按照教学各阶段的要求，对基础理论知识及方法的掌握以及实际操作能力——占40%
2. 课题作业方案设计——占10%
3. 课题作业综合效果表现——占50%

二、课程阐述

该课程结合多年的教学经验，采用独创的教学模式，精讲多练，由浅入深，循序渐进，将实用理论与精心发掘出的实践"秘籍"相结合；采用媒体教学的方式，学、练紧密结合，重点在于锤炼基本功，从而使学生奠定坚实的基础。

（一）尊重艺术设计类学生自身的学习特征

计算机辅助设计是环境艺术设计专业学生必须掌握的设计表达语言之一，而三维软件的指令选项繁复，学习软件相对比较枯燥，课程正视艺术类学生文化基础相对薄弱、不善于逻辑记忆的特点，将繁复枯燥的的指令进行整合，融入到具体的实例中，课程从始至终采用知识块的示范式讲解方法，结合了大量的实际图例讲解操作过程，将枯燥的理论清晰化、脉络化，不仅仅使学生学会操作软件，更重要的是使学生学会灵活运用软件完成高品质的设计表现图。

（二）强化计算机作为辅助设计技术工具与艺术设计的结合

可以说缺乏设计创意能力、缺乏艺术修养不会创作出优秀的设计作品，同样缺乏计算机辅助设计运用能力就会在设计作品的表现、设计思想的表达方面出现障碍，我们经常见到比例、尺度的不正确，形体、色彩搭配的偏差等原因影响图纸的效果；也有一些相当写实但缺乏艺术氛围的渲染图；同样也遇到过由于表达技术的欠缺而将设计方案"减肥"的无奈，技术与艺术的关系可见一斑。

为培养艺术与技术结合的设计艺术创新型人才，课程在图例、案例的选择上均应严格筛选，达到教会操作技术、掌握表现技能，而同时对提高艺术修养有潜移默化影响的效果。设置作品赏析环节，包括评判的角度、优秀设计效果图赏析、图纸表现存在问题的剖析。

（三）求精不求全

课程中避免面面俱到的命令介绍，这样虽然理论方面介绍相对完整、内容涉猎普及面广，但针对性不强，导致学生缺乏学习兴趣，更谈不上深入理解与灵活运用，"大而全"并不适合该课程。避免过多地侧重于软件操作而忽略与相关专业的结合的弊病，结合环境艺术设计课程的教学特点，力求将繁复的计算机软件操作简洁化、专业化，由浅入深，讲求教学的科学性。

（四）针对性强

在教材中尤其重视当前学生在计算机辅助设计课程中遇到的常见问题，并着重进行讲述。主要体现在以下几个方面：

1. 3dsmax普遍存在建模能力弱的问题，大量调用模型库文件，影响个性创意的发挥，也是造成计算机表现图千篇一律的原因之一。课程通过若干模型创建案例，使学生不仅学习个体三维模型的创建技术，重要的是从根本上掌握模型创建的方法，举一反三。

2. 计算机辅助设计发展到今天，通过一定量的学习与实践，完全能够达到写实的要求，但存在缺乏独特的艺术效果，缺乏环境艺术设计空间"场"的感染力。教学中力求突出设计艺术大学科的特点，努力创新尝试。如后期合成讲述特殊效果光雾、雨景、雪景的营造，材质中讲述国画、辉光效果的营造等。

（五）强调各软件间的综合

每个软件有不同的特点，凭借单一软件不可能完成高水平的图纸，教材解决如何综合运用，发挥每个软件的最大作用，得到最好的图纸效果。

（六）注重实践性

每部分指令在系统讲述后，均结合具体设计案例完成实际操作。通过设计综合实例练习，全面了解制图各步骤，综合掌握设计表现方法。

天津美术学院设计艺术学院环境艺术设计系

151

三、课程作业

（一）自然采光为主的室内空间表现

这类作品强调空间中自然光和人工光的和谐统一，同时注意将它们与空间的张力完美结合，相对忽略设计中的颜色和材质的表现，以大的块面切削表现视觉冲击力，同时具有视觉中心明确和视角丰富多变的特色。

作业1：利用光影关系强调空间引导作用，同时利用半透明的隔墙方式使空间中充满了空气感。运用成角透视最大限度地展示了空间，红色艺术雕塑则具有视觉中心的引导功能。

作业2：该作品光影关系强烈，明暗关系得到很好的表现，凸显了建筑的空间感受。植物、水体的引入使得共享空间生机盎然。

（二）人工采光为主的室内空间表现

此类图面效果注重人工光的光效特点，适合表现空间光环境氛围，利用体积光丰富环境中弥漫的光线粒子。这类作品强调效果图的说明功能，力争将每种材质的效果都传达到位，使观者对空间和材质有更加明确和触手可及的照片级真实感。多数此类效果图色彩上会选用低调色调，同时利用鲜明的颜色进行点缀和丰富。

作业1：重点表现了几种材质的对比，一种是黑色石材的厚重感，另一种是弧形围挡的轻盈感，同时利用了石材之间的透明玻璃弥补了空间的沉闷，以提琴厚实的木色加强了空间的感性特质。几种材质有轻有重，有实有虚使画面感受细腻流畅。

作业2：集中表现了两种材质的对比，一种是天然的藤编材质，利用了透明贴图技术，表现完美。另一种是亚克力合成材质，效果集中体现在承托绿色椅子的展台和飘浮的装饰物上，具有逼真的视觉感受，同时在透视角度上也表现了相当的视觉冲击力。

（三）室外环境效果表现
1. 建筑效果表现为主

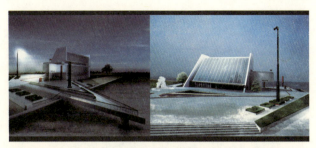

作业1：室外建筑在材质的表现上以金属、玻璃等具有反射、透明属性的质感较难表现，该作品为现代概念性建筑，能够在玻璃幕墙、水面进行细腻真实的刻画，实属难能可贵。

作业2：该作品光影关系强烈，明暗关系得到很好的表现，凸显了建筑的空间感受。植物、水体的引入使得共享空间生机盎然。

2. 景观环境表现为主

作业1：该作品为较大场景的鸟瞰图，此类作品需表达的内容较多，一定要注意构图的主体，该作品构图完整，重点突出，场面宏大，地形、水体、植物、建筑均得到很好的表现。

作业2：景观效果表现的气氛表达相当重要，在此类作品中，后期的合成占较大比重，并起到相当关键的作用。该作品在光影、层次、相互映衬的关系等方面均精心表现，图面丰富而生动。

（四）计算机与手绘相结合

计算机作为辅助设计、设计表现的工具提供了更多的绘图、编辑工具，这是传统手绘工具所无法比拟的，在手写板以及众多专业手绘效果软件的支持下，计算机与手绘相结合，既能得到个性的手绘表达效果，又体现了制图的高效。艺术院校的计算机辅助设计课程应该在这方面加以开拓与尝试。

课程名称：**设计表达**

主讲教师：崔笑声

1996年中央工艺美术学院环境艺术系毕业。2006年中央美术学院建筑学院获博士学位，1996年中央工艺美术学院环境艺术系毕业留校任教，现为清华大学美术学院环境艺术系教师。

一、课程大纲

教学目的：通过专业绘画教学，掌握以素描、色彩为基本要素的具有一定专业程式化技法的专业绘画技能，包括形体塑造、空间表现、质感表现的技能，绘制程序与工具应用技巧等，进而通过空间表达的技巧训练为设计思维的培养奠定基础。

教学内容：理论讲授：手绘表达的发展历史，当代设计发展中手绘表达的状况与作用；从手绘表达走向设计；技巧讲授：水色、水彩技法、马克笔技法、综合技法训练。单体与临摹阶段作业要求以写实的技法练习为主，在综合技法练习阶段则要求学生自己研读一位设计大师的作品，并以适当的技法表现自己对空间作品的理解，尽量用丰富的表达技巧诠释作品的内涵与感染力。

教学方法与要求：

教学方法：

第一阶段以多媒体演示教学为主（包括理论与示范两部分），从理论层面讲授设计表达课程的发展历程，各阶段的特点及未来发展的方向。

第二阶段以课堂示范教学为主，使学生感受不同技法的绘制过程并了解各种工具的应用特点。

第三阶段组织学生进行课堂练习，可以由浅入深，并以不同技法要求表现多种空间。

在此阶段通过集体辅导与个别辅导结合的方式教学。

教学要求：要求学生掌握徒手绘画的表现技巧，并通过手绘训练加深对空间整体概念的理解，掌握空间表现中形、色、质搭配的基本规律，提高设计图形表达的艺术修养。

教学进度安排：

第一周讲授：1. 现技法到设计表达的转化；2. 如何在数字化背景下进行设计表达；3. 图像的相关知识；4. 设计过程与图像表达的互动关系。课堂练习结合现场示范。

第二周讲授：1. 结合设计过程讲解不同图像的性质及其在设计的不同阶段所起的不同作用；2. 具体讲授不同图像的特征、运用技巧。课堂练习结合现场示范。

第三周讲授：1. 各种表达技巧并结合设计项目讲解设计表达的应用及其发展的前景。2. 通过幻灯演示国内外的优秀作品，讲解表达图像的应用。课堂练习结合现场示范。

第四周结合学生的表达草图讲评技法运用的合理性及应进一步注意的问题。针对不同的学生的不同情况解决问题，同时强化技法的运用技巧，讲评学生作业。

二、课程阐述

由于篇幅所限，本次讲义内容仍以徒手表达课程内容为主。

第一部分：理论概述

1. 设计手绘表达的发展历史简介

精彩的写实风格——从文艺复兴到工业革命时期的手绘表达

搜集、介绍西方文艺复兴到工业革命时期建筑、室内设计手绘表达图，使学生了解西方建筑表现图发展的脉络。

风格追随观念——近当代手绘表达的发展

结合不同风格、人物介绍不同的表现方式。从而了解表现手段与设计观念之间是有直接关系的。

"图"与"样"——中国古代建筑的手绘表达图像

通过对中国古代建筑图样的归纳、分析，比较其与西方建筑表现方式之间的异同，使同学了解中国古代建筑表现的特征。

2．当代设计发展中手绘表达的状况与作用

对于表达的理解

表达的含义

设计表达之"图像"部分的分类

图像表达的功能

设计过程与图像表达过程的关系

3．从手绘表达走向设计

转型期出现的问题

如何解决

以手绘表达为分析对象，强调其对设计思维训练的作用，将手绘技能学习与设计思维学习结合起来。

第二部分　基本技能与表现方法

1．透视基础

——视点选择、景象组织、变形与夸张、复合与同步。

主要介绍透视方法的应用技巧，分析不同透视方法的适用范围。

2．素描基础

——整体感、结构分析、明暗与体积、组织与想象。

强调素描对结构、形体、光影、质感等方面的基础训练，与绘画专业的素描课程不同，此处的素描基础在于结构的分解能力、形体的比较与判断能力，其次是刻画能力。

3．色彩基础

——分解与抽象、色调与搭配。

在色彩基础训练之上的色彩归纳、组织、分解能力的进一步培养。

4．线描基础

——线的类型、类线体、线的情感。

利用各种硬笔工具完成空间线描的能力训练。讲解线的表现力与应用技巧。

5．应用工具

——制图工具、表现工具。

介绍当前手绘表达技法的不同工具及特性。

6．分类技法

作为传统手绘表达课程的重点，分专项讲解不同技法类型的特点与方法，并结合当前的行业适应性着重讲解迈克笔与彩色铅笔、水彩、水色以及计算机结合的表达技巧。

分类技法涉及的技法种类：

水粉画法、喷绘技法、透明水色技法、彩色铅笔及马克笔技法、综合技法

第三部分　形式感知与造型基础

本章主要通过课题的练习训练学生形式感知与造型能力。利用第二章中所讲述的各种基础技法，选择与空间有关的著名设计作品，以手绘的形式分层次地练习下面几种课题。

1．体积与形状

课题1．空间形体与构造表现

课题2．由写生到默写

2．平面与空间

课题1．对著名建筑作品进行平面与空间的转换表现

课题2．空间中元素与构件的共时性表现

3．光影与质感
课题1． 对古典建筑空间细节的表现
课题2． 由写生到抽象的综合表现
4．比例与尺度
课题1． 典型风格立面表现
课题2． 典型空间的写生与默写转换表现

第四部分 视觉思维与表达方式
　　以手绘表现为切入点，力图将设计思维与表现结合起来讨论。"手绘"不仅仅是一种表达的手段，更是一种引导设计师进一步思维的推动媒介。"手绘"对于设计师潜移默化的辅助作用应当受到学生重视。现代有关认知心理和头脑生理学的研究已建立了一种综合的形象思维的观点，即通过视觉形象构成思维，正所谓："观看、想象、表达"。这里，表达与思维有机统一起来。思维以一个具体的形象表现出来时，可以说这个思维被图像化了。这种图像化的过程正是设计师将自己头脑中的空间形象转化成视觉形象的过程。在这期间，"手绘表达"扮演了重要的角色。表达图像可以被看成是学生的思维与自己画在纸上的形象的对话，是一次眼睛、手、头脑之间的互动。学生在这个互动循环之中不断丰富、完善自己的设计构思。同时，也对手、眼、脑的有机的、系统的配合进行了训练。正是基于这些原因，我们有理由承认，"手绘"对于学生思维的促进作用比设计过程中所应用的其他手段更具有直接的意义。
1．分解与重构
课题1． 空间分解与重构
课题2． 空间元素的写生、抽象化、重构
2．想象与描述
课题1． 就某个现象或概念的空间想像草图
课题2． 就确定草图的深入描述
3．表现与体验
课题1． 对某种概念、技巧、事件的即兴徒手表达
课题2． 对某空间的即兴表现
4．形式与语汇
课题1． 对既定空间对象的表达形式分析
课题2． 对既定空间对象的表达语汇应用

教材与参考书目：
《手绘设计表达—思维与表现的互动》中国水利水电出版社，2003年出版
《表现计法》中国建筑工业出版社，1999年出版
《现代室内外设计表现技法》江西美术出版社，1999年出版
《建筑表现手册》中国建筑工业出版社，2001年出版
《建筑师与设计师视觉笔记》中国建筑工业出版社，1999年出版
《图解思考》中国建筑工业出版社，1998年出版
《复合建筑画》中国建筑工业出版社，1990年出版
《室内设计资料集》中国建筑工业出版社，1991年出版

三、课程作业

练习一：体积与形状
课题1　空间形体与构造表现
课题2　由写生到默写

目的及要求：在线性透视的基础上，利用素描的手段描述对既定空间的体量感受，从而对空间的几何形状、空间的限定要素、空间的容量进行感性分析。

课题练习时可以通过写生与默写的转换来达到目的。

作业量和时间要求：A3幅面一张，4小时

备注：在当代设计发展和设计审美变革的背景下，设计表达课程理论上不应该将徒手表现和计算机辅助表现以及三维实体模型表达割裂开讲授，但是由于各设计院校的教学传统所致，目前，设计表达的教学还普遍沿用三者分开教授的模式。但在未来的教学模式中，将以"表达设计思想"为目的将三种方式统一讲授。本次提供的教学讲义即具备将"设计表达"课程扩展的基础框架。在课程安排时可根据课时要求和学生需求调整授课内容和侧重点。

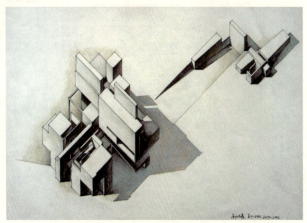

评语：
　　本课题要求同学初步建立表现立体物体和空间形态的意识，体验不同的表现技巧，强调体积感和秩序感，由于同学具有较好的绘画基础，均能达到教学要求。不足之处在于设计经验缺乏导致形体组织欠佳。

练习二：平面与空间
课题1　对著名建筑作品进行平面与空间的转换表现
课题2　空间中元素与构件的共时性表现

目的及要求：选择空间设计层次丰富的建筑设计作品或一定的空间透视图像，要求学生进行平面与空间之间的转换，此时不要求学生准确还原设计作品，只要求学生发挥自己的空间想像力，并以某种表达技巧表现出来即可。在体积、形状、平面、空间几方面进行表达训练的基础上，要求学生将几方面内容置于同时空体系中表现，从而训练他们的综合构图能力与系统思考能力。

作业量和时间要求：A3幅面一张，4小时

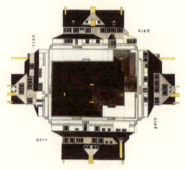

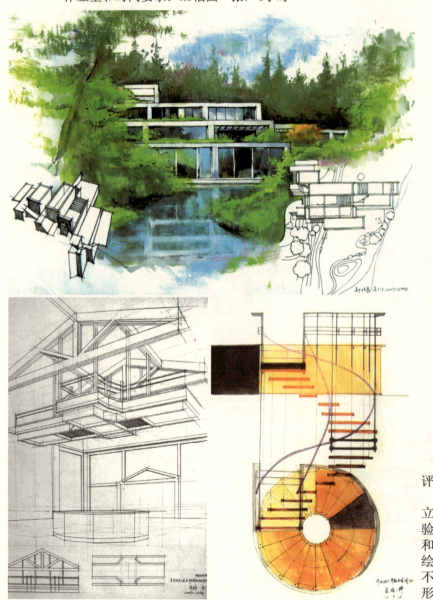

评语：
本课题要求同学初步建立表现立体物体和空间形态的意识，体验不同的表现技巧，强调体积感和秩序感，由于同学具有较好的绘画基础，均能达到教学要求。不足之处在于设计经验缺乏导致形体组织欠佳。

练习三： 光影与质感
课题1　对古典建筑空间细节的表现
课题2　由写生到抽象的综合表现

目的及要求：光影是空间设计的一种造型手段，同时是手绘表现的重要内容。现代设计中强调表皮的质感，所以质感的表现同样是手绘表达的重点。本课题选择古典建筑的细节作为表现的对象，训练形体感与光影关系。以线描、着色刻画等方法直接表现不同材质组合。进而将光影训练与质感练习结合，用较完整的空间描绘达到综合练习的效果。在此基础上，进一步进行抽象练习，将真实的光影、质感、肌理抽象成某种空间构图，拓展学生的形式感知能力。

作业量和时间要求：A3幅面一张，4小时

评语：
本课题在教学过程中，重点强调传统表现技巧的训练，要求学生选择光影和体积感强的空间进行描绘，以写实的技巧表现对象。课程运行过程中，效果良好，同学反馈最为积极，表现出学生仍然对技巧十分感兴趣，尚未完成技巧与思维之间主次关系的转换。

练习四：比例与尺度
课题1　典型风格立面表现
课题2　典型空间的写生与默写转换表现

目的及要求：比例和尺度的把握贯穿于设计的整个过程，对此训练的课题可以通过一定数量的立面刻画或家具、空间细节描绘来实现。另外，既定空间的线描写生与默写亦可以作为训练手段。

作业量和时间要求：A3幅面一张，4小时

评语：
本课题进一步强化表现技巧的逻辑性和科学性，使同学建立一种认识，即表现图纸是科学性的图像，要有严谨的态度，不能仅仅理解为绘画。经过此课题，同学大多数转换了认识，建立了理性表现设计思维的意识。

练习五：分解与重构
课题1　空间分解与重构
课题2　空间元素的写生、抽象化、重构

目的及要求：将一个空间的各个组成部分按一定规律分解成若干部分来表现，不同部分之间的结构规律必须合理。相反，在一定的认识规律指导下，将已经打散的部件重新组织起来形成新的空间形象。在这个阶段的手绘表达中不求细节的精彩，但要讲求形体的分解与重构关系，还有形体的光影、比例、色调关系。

在此练习中，通过观察空间的细节，如肌理、形状等元素，通过对这些元素的打散、重构达到由具象到抽象的训练目的。

作业量和时间要求：A3幅面一张，6小时

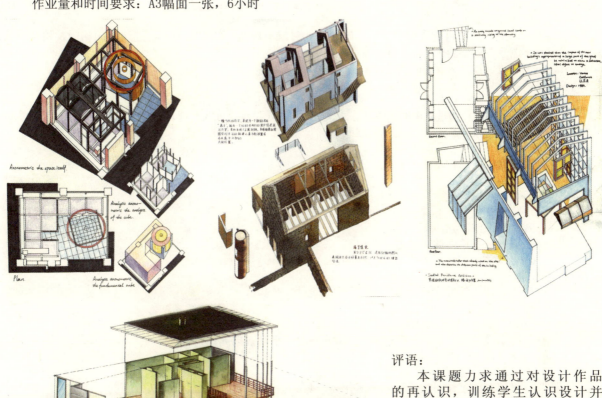

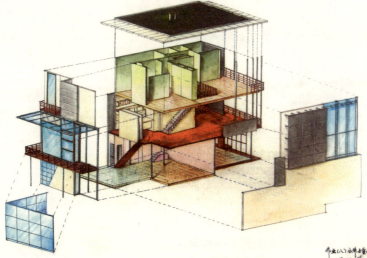

评语：
本课题力求通过对设计作品的再认识，训练学生认识设计并将设计转化为合理的图像语言的能力，此时，同学由于前期课题的训练基础，表现出对本课题的兴趣，但是，由于选择设计作品的难度不一致，部分同学遭遇到了一定困难，经过一定学习和辅导，作业都达到了预期的目的。随着同学设计认识能力的逐步提高，他们一定能在一段时间后，体会到图像与设计之间语境相关的妙处所在。

课程名称： **设计表现**

主讲教师： **周稀**
湖北美术学院环境艺术设计系教师。
卢珺
湖北美术学院环境艺术设计系教师。

一、课程大纲

第1周
1.阶段目标：掌握总图所要表达的内容，不同比例的图纸传达的不同信息。学习场地处理的基本方法。
2.作业要求：
——场地分析：调查分析，调整、确认设计对象与场地、红线的关系，建筑物的朝向及相互关系；
——图示表达：1:500总平面、地形剖面、经济技术指标；
——阶段深度：方案深度。
3.本阶段训练要点：
——图纸比例：严格控制在该比例、该阶段表现的总图设计深度。
——场地概念：通过总图的制图训练，建立学生关于地形、红线、建筑物、道路等之间的相互关系概念。
——表现技法：强调手绘表现的准确性、尺度感。

第2周
1.阶段目标：掌握草案的表达方法。
2.作业要求：
——图示表达：概念分析草图、1:250平立剖面图。
——阶段深度：方案深度。
3.本阶段训练要点：
——概念分析草图的表达方式及内容（基地定位、平面体块、功能分析）
——表现技法：强调手绘表现的准确性、尺度感。

第3周
1.阶段目标：掌握建筑单体方案设计所要表达的内容。
2.作业要求：
——制图规范：在方案阶段所要表达的设计信息。
——图示表达：1:100平面图、1:100各方向立平面、剖面图；
——阶段深度：方案深度。
3.本阶段训练要点：
——设计师的工作习惯：重点训练作为一名真正的设计师所应具备的高效率的工作习惯，本阶段作业不拘泥于"整洁"的图面布置，要求用最直接的方式表达平、立、剖面图之间的关系。工作消耗。
——制图的方案表达：建立"图层"概念，要求学生将所有轴线、尺寸线、标高标注用红色笔绘制，与平、立、剖的图样分开；强调方案阶段的标注方式；鼓励用投影关系表现立面关系。

第4周
1.阶段目标：徒手透视图的准确性、尺度感。
2.作业要求：
——图示表达：空间透视图
——阶段深度：方案深度。
3.本阶段训练要点：
——室内空间的表现，平、立、剖，室内的功能布置、剖面分析。
——制图的方案表达：建立"图层"概念，要求学生将所有轴线、尺寸线、标高标注用红色笔绘制，与平、立、剖的图样分开；强调方案阶段的标注方式；鼓励用投影关系表现立面关系。

二、课程阐述

本课程不是单纯的表现课程，而是采用小课题的形式进行，是一门知识型和操作型紧密结合的课程。

本课程内容安排学生仍然以设计思维、概念为主导方向，结合"周进制"教学模式，以一周为时间单位，分四周，每周完成一部分设计内容，包括设计概念总图、建筑单体设计概念草案（配以模型制作）、建筑单体方案深化、到制作完成四个部分，最终形成一套完整的设计作品，满足方案设计深度要求，着重把握概念与表现的结合，充分体现自己的设计理念，始终强调整个设计过程的重要性与完整性，分阶段地进行学习制作，从中获得设计的相关知识，体会设计过程的趣味性。

三、课程作业

第1周

1. 阶段目标：掌握总图所要表达的内容，不同比例的图纸传达的不同信息。学习场地处理的基本方法。

2. 作业要求：
—— 场地分析：调查分析，调整、确认设计对象与场地、红线的关系，建筑物的朝向及相互关系；
—— 图示表达：1:500总平面、地形剖面、经济技术指标；
—— 阶段深度：方案深度。

3. 本阶段训练要点：
—— 图纸比例：严格控制在该比例、该阶段表现的总图设计深度。
—— 场地概念：通过总图的制图训练，建立学生关于地形、红线、建筑物、道路等之间的相互关系概念。
—— 表现技法：强调手绘表现的准确性、尺度感。

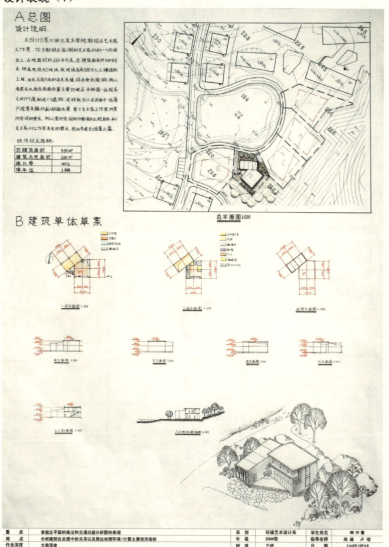

设计表现（1）

设计表现（2）

第2周

1. 阶段目标：掌握草案的表达方法。
2. 作业要求：
   ——图示表达：概念分析草图、1:250平立剖面图；
   ——阶段深度：方案深度。
3. 本阶段训练要点：
   ——概念分析草图的表达方式及内容（基地定位、平面体块、功能分析）
   ——表现技法：强调手绘表现的准确性、尺度感。

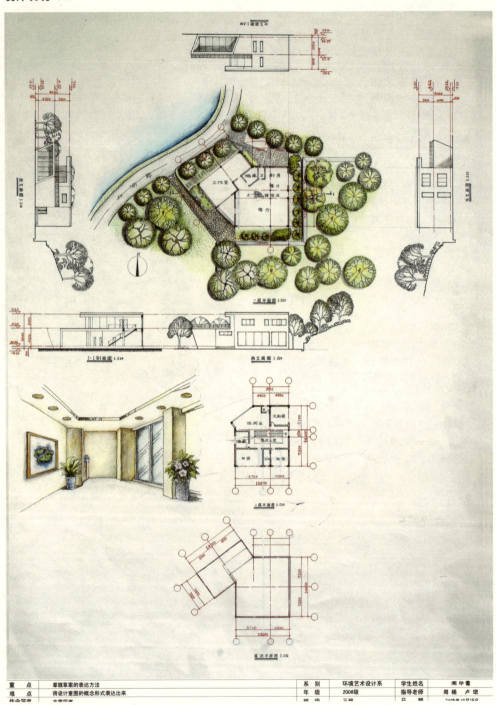

设计表现（3）

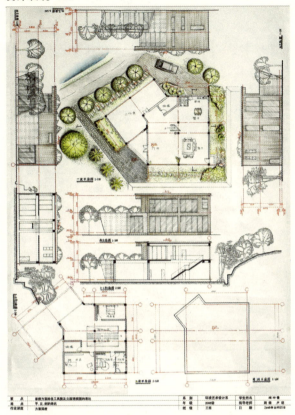

设计表现（4）

第3周

1. 阶段目标：掌握建筑单体方案设计所要表达的内容。
2. 作业要求：
——制图规范：在方案阶段所要表达的设计信息。
——图示表达：1:100平面图、1:100各方向立平面、剖面图；
——阶段深度：方案深度。
3. 本阶段训练要点：
——设计师的工作习惯：重点训练作为一名真正的设计师所应具备的高效率的工作习惯，本阶段作业不拘泥于"整洁"的图面布置，要求用最直接的方式表达平、立、剖面图之间的关系。工作消耗。
——制图的方案表达：建立"图层"概念，要求学生将所有轴线、尺寸线、标高标注用红色笔绘制，与平、立、剖的图样分开；强调方案阶段的标注方式；鼓励用投影关系表现立面关系。

第4周

1. 阶段目标：徒手透视图的准确性、尺度感。
2. 作业要求：
——图示表达：空间透视图
——阶段深度：方案深度。
3. 本阶段训练要点：
——室内空间的表现，平、立、剖，室内的功能布置、剖面分析。
——制图的方案表达：建立"图层"概念，要求学生将所有轴线、尺寸线、标高标注用红色笔绘制，与平、立、剖的图样分开；强调方案阶段的标注方式；鼓励用投影关系表现立面关系。

课程名称： 钢笔建筑速写

主讲教师： 夏克梁

男，副教授，现为中国美术学院艺术设计职业技术学院副院长，1999年至今任教于环境艺术系。

一、课程大纲

1. 课程的目的与要求

本课程是我院校环境艺术设计专业的基本技能课程，是学生必修的专业基础课之一，重在训练学生的徒手表现能力，为后续的《设计快速表现》打下基础。

2. 本课程要求学生了解并掌握以下内容：

（1）课程的意义与作用。
（2）材料与工具。
（3）不同线条的特点及运用。
（4）同一单体的多种不同表现形式语言。
（5）多种表现手法的特点及步骤。
（6）画面组织关系与表现形式法则。

3. 本课程在课外要求配合完成的内容：

（1）巩固透视知识。
（2）每天完成3张以上钢笔建筑速写。

4. 课程计划安排

章 节	内 容	总课时	讲授课时	练习课时
第一章	概述、优秀作品拷贝	8	3	5
第二章	单体练习	10	2	8
第三章	图片描摹，主观处理画面	14	2	12
第四章	户外写生	32	8	24
	合 计	64	15	49

5. 课程作业要求

作业之一：线条元素练习

要求：

（1）以美国著名建筑大师赖特（Frank Lloyd Wright）的建筑画为临本拷贝。要求线条明确清晰，流畅完整。徒手拉线，体会用线过程，掌握运笔力度。注意画面中线条组织的对比，以及疏密关系和节奏关系。

（2）完成2张（A3，一张以结构为主，另一张以明暗为主）作业，装裱在A3的文本上呈现。

作业之二：单体分类练习

要求：

（1）将建筑速写所涉及的造型元素按类别逐一专项练习，如植物、水体、石材、木材、玻璃、人物、天空、交通工具等。利用已经学过的点、线表现方式，独立组织表现。要求掌握各类单体的3至5种表现手法。以便在画面中自如搭配，综合运用。

（2）完成5张（A3，每一张画面中不少于4个物体），作业装裱在A3的文本上呈现。

作业之三：照片描摹主观处理练习

要求：

（1）选择建筑照片为底图，以图面内容为原型描摹，进行基本的建筑体块关系梳理与线条练习。做到由分析画面入手，主观处理画面，虚实相宜，疏密得当，使画面具备丰富的空间层次，尝试表现若干肌理，在关注设计内涵的基础上练习绘画技法。完成4～6张，A3大小。

（2）完成3张（A3，每一张的处理手法不同），作业装裱在A3的文本上呈现。

作业之四：户外写生

要求：

（1）学会选景、取景，合理构图。要求保持画面完整，表现手段丰富多样，线条简练概括，大胆生动，形成个人对于钢笔建筑画线条的心得和体会。尝试线描、明暗或两者结合的各类画法，要求画面主体明确，视觉冲击力强烈。完成10～12张，A3大小。

（2）完成10张（A3，不少于三种表现方法），作业装裱在A3的文本上呈现。

6. 课程进程安排与考核标准

课程进度安排表

	课程概述	优秀作品拷贝	单体练习	图片临摹	主观处理画面	户外写生
第一周						
第二周						
第三周						
第四周						

■ 学生作业进度　■ 评分进度　■ 辅导进度

分值	15	20	20	35	10	合计得分
内容	用笔	构图	造型	整体感	学习态度（作业、装裱、考勤）	
得分						

二、课程阐述

本课程是环境艺术设计表现的基础课程。要求学生通过练习来提高动手表达能力，练习内容的难易程度应循序渐进。具体可以从拷贝优秀作品入手，继而单体拆解练习、描摹照片主观处理画面练习，最后经由写生达到自由应用的目的，层层衔接，循序递进。表现手法也从慢写（要求物体结构严谨，明暗关系明确，画面表现深入）到速写（物体结构简洁明了，空间特征概括明显，个人表现力强烈）逐步过渡。

课程教学是在理论讲解、作品赏析、动手练习、现场示范、评价展览的教学模式下，设置了多种教学场景，逐层拆解，环环相扣。具体表现在：

教学场景一：图例解说——理论知识，了解掌握

以教师讲授为主，从工具介绍到线条的特点再到画面的构成元素等一些基本要素的阐释，以及多种不同表现方法和画面处理手法的介绍。让学生了解学习钢笔建筑速写的方法及步骤，同时也能使他们直观地感受本课程对于胜任职场要求的重要性。

教学场景二：课堂自主练习——原理分析，强化训练

以学生动手训练为主，多层次、多手段地设置练习内容。如将画面造型元素拆解单独列出并进行训练；通过照片描摹的手段采用不同的手法主观处理画面。以分析、理解描绘物体的原理为主要目的，使

学生在短期内掌握绘画的基本原理,以便在后续的练习中能贯通运用。

教学场景三:点评互动练习——示范修改,前后对照

以教师、学生互动为主,通过学生实践,教师点评修改,前后对比的方式,直观明了地展现学生在学习过程中的不足与漏洞,使学生能够调整和明确不同阶段学习的重心,查漏补缺,以实践的方式引导学生表现技法的提高。

教学场景四:实景写生练习——混合技巧,贯通运用

以学生户外写生实践为主,是本课程的主要内容。通过对建筑场景的实地考察写生,训练学生提高选景、取景、构图、处理、表现的应用与应变能力。学习期间,教师适当加以引导,通过写生使学生得出自己对于钢笔画的一些心得体会,为今后设计思维的表现和建筑画的创作打好基础。

教学场景五:评价展览——验证成果,反馈调整

该教学活动也是本课程不可缺少的一个环节,是在课程结束后,教学成果以展览的形式展现给课程组的教师及本系学生观看,促进学生之间的相互交流,同时也听取课程组老师的意见,及时将教学中存在的不足进行调整。

三、课程作业

沈 瑜(07室内) 　　　　　田苗(07景观) 　　　　　项兵兵(07展示)

评语:

沈　瑜:该作品用线条表现建筑的形体和结构,画面清晰,疏密对比得当,人物的添加不但增加了氛围,同时也弥补了构图上的一些不足。

田　苗:该作品用笔自由熟练,疏密关系对比明显,主次分明。不足之处在于植物的塑造方法过于单一,左下角路面的描绘缺少含蓄感(可适当由前景植物遮挡)。

项兵兵:该作品以线条组合并结合点的形式表现空间的明暗关系,恰到好处。画面刻画较为细腻、深入、完整。不足之处在于画面的部分建筑结构线描绘比较呆板和生硬,画面左下角的植物表现较为凌乱,缺少体块感和层次感。

史柳丹（05室内）

李丽青（08室内）

评语：
　　史柳丹：该作品采用短线条结合点的方法表现建筑的明暗空间关系，画面虚实关系明确，空间层次分明。不足之处在于前景花坛中植物刻画得较为平均，缺少体块感，且植物和花坛的交界处显得较为死板。
　　李丽青：该作品明暗关系对比强烈，具有较强的视觉冲击力。画面虽然表现较为概括，但在虚实处理方面还略显欠缺。

林晨辰（07景观）　　　　　　　　　　　　　　　　　　　　　　陈剑华（07景观）

评语：
　　林晨辰：该作品用笔自由，物物之间处理得当，桥的透视感明显，使得画面的景深感较强。
　　陈剑华：该作品疏密关系对比明显，主次分明，画面富有变化且显得较为生动。不足之处在于所描绘的线条缺少自信，导致力度感不够。另外，部分物体（如窗户）的透视不够准确。

刘成龙（07展示）　　　　　　　　　　　　　　　　　　　　朱伟华（07展示）

评语：

　　刘成龙：该作品用线肯定、有力，所表现的建筑结构严谨，虚实关系处理得当，画面富有张力且显整体。不足之处在于画面中阳台的透视存在错误。

　　朱伟华：该作品构图饱满，空间层次分明，画面具有较强的整体性。不足之处在于前景的大面积草丛缺少疏密对比，略显平淡。

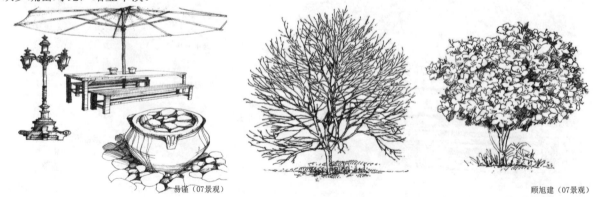

易谨（07景观）　　　　　　　　　　　　　　　　　　　　顾旭建（07景观）

评语：

　　易　谨：该作品结构严谨且概括，用线肯定流畅。不足之处在于灯柱的刻画略显平均，罐子周边的石头略显单薄。

　　顾旭建：该作品表现得细腻深入，具有较强的概括性和装饰趣味。不足之处在于植物树冠的刻画略显平均，体块感有待加强。

课程名称：**设计快速表现**

主讲教师：**夏克梁**

男，副教授，现为中国美术学院艺术设计职业技术学院副院长，1999年至今任教于环境艺术系。

一、课程大纲

（一）课程的目的与要求

本课程是环境艺术学习中的必修课，该课程系统地介绍和训练了手绘表现图，使学生快速有效地掌握设计思维和设计表达能力。

（二）本课程要求学生了解并掌握以下内容：

1. 设计表现的内涵和外延。
2. 设计表现的各个元素之间的关系以及运用。
3. 设计表现的快速思维和表达。

（三）课程计划安排

章节	内容	总课时	讲授课时	练习课时
第一章	概述	6	6	0
第二章	元素讲授与练习	26	6	20
第三章	设计表达与写生	16	2	14
第四章	设计表达与创作	16	2	14
	合计	64	16	48

（四）课程作业要求

1. 表现图的相关知识和马克笔的基本笔法练习

（1）植物单色单体练习3张（A3），要求每张画面安排两件单体。

（2）植物多色单体练习3张（A3），要求每张画面安排两件单体。

2. 马克笔景观表现图的练习（临绘照片）

（1）多种植物组合练习2张（A3），要求表现出植物的外部特征，植物的明暗关系合理，层次分明。

（2）城市家具练习2张（A3），要求物体的结构清晰，空间的明暗关系合理。

（3）单色景观小品练习2张（A3），要求物体的明暗关系合理，空间感强。

（4）彩色景观小品练习2张（A3），要求画面色彩统一和谐，空间的明暗关系合理。

3. 马克笔景观表现图的写生

（1）室外景观小品写生2张（A3），要求根据实景进行写生，画面的空间明暗关系合理，色彩协调。

（2）室外景观鸟瞰写生1张（A3），要求根据实景进行写生，画面的空间明暗关系合理，色彩协调。

4. 马克笔景观表现图的创作

（1）景观表现图2张（A3），要求根据图片进行变改，改变原图片的角度、视点、色调，画面的空间明暗关系合理，色彩协调。

（2）鸟瞰及彩色平面图练习2张（A3），要求根据图片进行变改或借助现代科技产品进行创作，可借鉴优秀作品的画风和表现技法，画面的空间明暗关系要合理、色彩协调。

(五)课程进度安排和考核标准

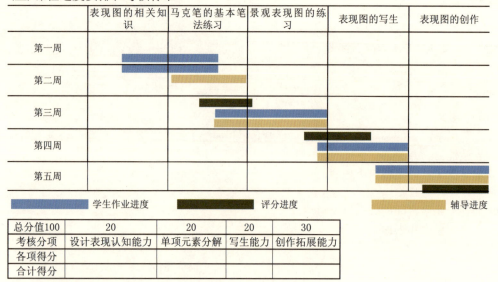

二、课程阐述

专业绘画课程特色在于：

1.课程内容的安排上：针对学生在学习过程中关于表现技法的各种疑难困惑，课程按阶段依次安排了整体性练习、根据图片归纳绘制、实际场景写生、局部空间写生等教学内容；针对教学的难点及学生实际操作中的常见问题，安排了局部改编法、配景收集法、道具模拟法等将教学的难点直观地加以展现，使得学生能便捷、有效地掌握要点。

2.教学的过程中：教师经常使用多媒体课件的方式进行授课。除使用传统的Powerpoint以外，还使用其他更为便捷而生动的教学多媒体软件（例如zinemaker），通过多样的动画效果、丰富声音效果再加以简单的视频演示，使课堂教学内容变得更富趣味性，也将设计表现步骤以动态的、虚拟的演示方式展现在学生眼前，加深他们对所学内容的印象。

在授课中教师借用虚拟现实技术（例如3ds max的渲染仿真技术）来模拟平面变立体后的透视、光影和色彩等关系，以说明设计表现中如何去把握现实环境中的各种规律，便于学生更好地掌握表现的规律。

在辅导学生进行设计表现的过程中，任课教师采用实物投影仪器，现场对学生的草图进行大屏幕演示修改，亲自动手示范，使学生能清楚地看到教师详细示范的步骤，从而达到快速理解的效果。

3.课程的着眼点：（1）"贯通性"，整个课程是在将设计表现原理进行融会贯通后，对课程建设的脉络提纲挈领，使原理与应用之间能达到贯通。（2）"有效性"，以学生的实际学习效果推动教学活动的进行，在定性定量的大宗旨下，有着务实的有效性特色。（3）"递进性"，整个课程教学强调起承转合的搭配，亮点不断，学生学习主动性得到引领。

总之：通过细化侧重点的技能传授，为学生的专业学习打下牢固基础。通过针对性的学习，学生有效、便捷地掌握了本课程。学生普遍能运用本课程技能参与社会设计项目，并在多项各级别的国内设计赛事中获奖；毕业生的设计表现"技能"和"实践"能力得到了用人单位的肯定和欢迎。

三、课程作业

林晨辰　　　　　　　　　　　　　　　　　　　　　　　　田 苗

袁华丽　　　　　　　　　　　　　　　　　　　　　　　　项微娜

评语：
　　林晨辰：该作品色彩丰富，主次面积在画面中所占的比例合理，主体突出。不足之处在于空间的前后关系缺少色彩和明暗的对比，过于一致，导致空间感不强。
　　田苗：该作品构图饱满，前景物体层次丰富，刻画深入，用笔肯定有力，明暗对比强烈。远景简单概括，笔法柔软，明暗对比平淡。前后的色彩倾向也较为明显，使得画面的空间进深感较强，层次分明。
　　袁华丽：该作品主体突出，远近明暗关系有序，层次分明。不足之处在于远处天际线缺少起伏变化，使得构图略显平淡。
　　项微娜：该作品色彩丰富且统一，物体刻画得深入完整，画面的整体感较好。不足之处在于前景和远景物体的刻画过于一致，缺少变化，导致画面的空间感不强。

袁华丽

陈威韬

田　苗（上、中、下组画）

评语：

　　袁华丽：该作品构图饱满，色彩统一，刻画深入，整体性较强。不足之处在于画面刻画得面面俱到，缺少主次和虚实变化，导致主体不突出、空间感不强。

　　陈威韬：该作品的画面紧凑，整体感较强，棕榈树的排列疏密得当，高低错落有致。植物作为近景是画面的主体，刻画得比较深入细致；建筑作为远景是画面的配景，刻画得简单概括，两者对比明显，使得画面主次分明，较显生动。

　　田　苗：（上、中、下组画）：该作品色彩统一简练，用笔洒脱，虽寥寥几笔，却表现出空间的特征和意境。

陶 赢-2

陶 赢-3

陶 赢-1

评语：

陶 赢-1：该作品构图饱满，画面中的物体勾画比较细致，色彩明亮丰富，人群的留白在画面中起到很好的统一作用。

陶 赢-2：该作品结构严谨，色彩亮丽，用色概括，主次分明。不足之处在于部分物体的透视不够准确，大部分物体缺少投影，导致物体间缺少联系性。

陶 赢-3：该作品的色彩统一中富有变化，主体部分刻画比较深入细腻，次要部分简练概括，画面的整体感较强。不足之处在于画面的大部分物体缺少投影，缺少真实感。

课程名称：**专业表现技法**

主讲教师：**刘宇**
　　1978年生于天津，硕士，讲师
　　1997～2001年就读于天津美术学院环境艺术系，2001年至今任教于天津理工大学艺术学院环境艺术系，2009年获天津大学建筑学院建筑与土木工程领域硕士学位。

一、课程大纲

1.课程目的与要求：

课程的教学目的在于通过多种表现技法的学习，使学生们增强设计创意的表现能力。通过多样化的表现手段来促进设计思维，着重培养学生在做设计时思考、组织、提炼、概括、取舍的表现能力，实现学生从构思—表现—图纸的无障碍沟通。课程注重对全面能力的培养，同时侧重对学生快速设计表现能力的提高，加强学生通过多样技法对空间特质进行表达的能力，使设计表现能力成为促进学生的抽象化设计思维向图像化设计语言转化的最有效的途径。

2.课程的计划与安排：

（1）授课整体安排

教学方法	教学手段	实验环节
以直观的教学手段，采用启发式教学，培养学生创造性思维和综合表现能力；引导和鼓励学生实践性地获取知识，强化教学课程的质量以及增加答疑质疑等教学环节。	此课程共48学时，在教学中采用多媒体课件教学系统作为主要知识讲授手段，以实例讲评为辅助教学手段。	实验课学生分为十个小组进行实验，每一小组2～3人。重点掌握对喷笔和气泵的操作方法。

（2）课程结构体系
第一章　专业表现技法简述
　　　　第一节表现技法的定义及作用；第二节表现技法的特点
　　　　第三节表现技法的绘制程序（教学重点：掌握不同技法的特点与绘制程序）
第二章　构成表现技法的基本要素
　　　　第一节透视与制图的基础；第二节色彩关系的再塑造
　　　　第三节光感气氛的营造（教学重点：学习运用不同光感营造场所气氛）
第三章　绘制表现图的各类技法
　　　　第一节设计草图技法；第二节马克笔与彩色铅笔的综合技法；第三节水粉写实技法
　　　　第四节水粉喷绘技法；第五节手绘与电脑相结合的综合技法
　　　　（教学重点：1.熟练运用各种工具绘制设计草图；2.掌握多种材料结合的综合表现技法）
第四章　实例表现图作品分析
　　　　第一节设计大师表现图解析；第二节学生表现图作品评析

3.课程的作业内容：

（1）第一周：设计草图的技法训练。要求运用铅笔、钢笔、勾线笔绘制设计草图15张，A4图纸。每幅作品根据表现内容选择适当的工具，时间控制在15～35分钟。

（2）第二周：马克笔和彩色铅笔的快速表现技法。要求选择两种材料对设计方案进行绘制。表现图的绘制要有一定的深度，注重细节质感的塑造。绘制室内效果图3张，景观效果图2张，A3图纸。

（3）第三周：运用喷笔工具对所选图片进行写实训练。注重对光感和空间气氛的表达，注重喷绘工具的操作技巧。绘制建筑效果图1张，A2图纸。

（4）第四周：多种技法相结合的综合技法训练。根据学生自己选定的表现主题选用三种以上的技法，对环境、建筑、室内等空间进行设计表现。绘制图纸6～10张，A0图纸。

4. 课程的考核标准：

采用课程作业为最终成绩的评定形式：结课成绩占70%，平时成绩占30%。

二、课程阐述

专业表现技法课程是理工大学艺术学院的学生在二年级上学期所学习的一门专业课程。同时，此课程也是环艺专业的特色课程。现今，大多数院校的该课程都是沿用传统的教学模式。主要是通过水粉、水彩和喷绘等工具对所选择的室内或建筑图片进行临摹，培养学生利用这些工具进行效果图表现的能力。这样的教学模式存在着诸多滞后性：其一，采用的表现工具已被社会淘汰，学生无法在未来的工作中应用这些技法进行表现；其二，以图片为对象的临摹方法无法培养学生设计创意的快速表现能力；其三，被动的教学方法无法提高学生们主动参与的热情。我们在课程体系的设计中进行了尝试性的创新，采用了分步骤、分层次的教学方法。

在教学的第一阶段，我们以知识讲授和基础训练为主。在知识讲授过程中充分利用多媒体课件对各种表现技法进行详细分析，特别是对当前设计界广泛应用的快速表现技法进行重点讲解。同时，结合国际最具权威的设计大师的表现图作品进行解读，分析这些表现图背后所蕴含的设计理念及思维过程，拓展学生们的设计眼界。同时对学生进行基础表现能力的训练，特别注重对学生设计草图和马克笔快速表现能力的培养。传统的水粉喷绘及写实技法作为辅助练习，着重培养学生思考、组织、提炼、概括，取舍的表现能力，为第二阶段的学习打下基础。

第二阶段的学习我们把它命名为"主题式的综合表现技法的训练"。就是以学生为主体，根据学生的兴趣点来选择表现内容的主体和方法。学生可以采用多样化的表现手法，也可以根据主题的特点表现不同的内容，最后将这些作品与文字相结合组织在两块展板上进行展示。在授课中教师只对学生表现技法中遇到的困难进行指导，这样就大大激发了学生们主动学习的热情。同学们有的选择法国教堂建筑为主题，有的则选择中国江南民居为主题，还有的选择天津殖民建筑为主题。他们根据自己选择的主题从网络上、书籍中、甚至亲自到实地搜索资料，表现的内容从整体建筑环境到局部细节刻画，表现的手法也呈现出线稿、素描、马克笔、彩色铅笔、水粉等多种绘画形式。通过课程的训练让学生以主体的角色，用主动的方式来学习专业知识。通过课程改革前后的比较，学生的设计表达能力明显增强，以主动的形式对空间进行再现塑造的能力也有所提高。

我们还将课堂教学与每年的全国手绘设计大赛相结合，将课程内容向纵深延展。通过国内权威的设计大赛检验教学成果。在由中国建筑学会主办的"2008利豪杯全国手绘艺术大赛"的一千多幅参赛作品中，我校的学生有五名获奖，其中优秀奖两名，入围奖三名。学生的课堂成果在设计大赛中得到充分检验和展示。

三、课程作业

（1）设计草图技法

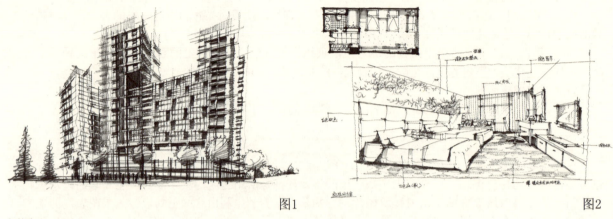

图1　　　　　　　　　　　　　　　　　　　图2

评语：

图1是利用铅笔对建筑单体的快速表现，重点强调建筑的形体结构和空间关系，在表现时充分练习对铅笔线条的虚实掌握，将线条与调子进行巧妙的结合。每幅作品在15～30分钟完成。

图2是利用勾线笔对室内空间进行的快速表现，在这个环节中重点练习平面图与透视图相结合的能力，锻炼学生从平面空间向三维立体空间转换的设计表达能力。

（2）马克笔与彩色铅笔的综合技法

图3　　　　　　　　　　　　　　　　　　　图4

图3是课程教学的第二环节，也是课程的重点训练内容。主要是训练学生使用马克笔和彩色铅笔进行表现的综合能力。在训练中，除了对工具的掌握外，还要重点练习不同光源照射下的环境气氛以及对各种建筑及室内装饰材料质感的表达。所涉及的表现内容有建筑单体、室内空间、景观规划等。表现图纸以A3为标准，绘制时间控制在2～4小时。

图5

图6

图7

（3）水粉写实与喷绘技法

图8

图9

　　图8是对室内木质及皮革材质进行重点表现的水粉写实技法。主要是利用水粉材料来表现材质的肌理，深入刻画材质的细节变化。这种传统的表现方式，在课程中作为辅助练习。

　　图9是利用水粉和喷绘工具相结合的表现方式，力图训练学生对室内整体气氛的把握，对室内的材质的处理要求做到重点突出，概括得当，作为长期的训练作业，有利于从全面的角度训练学生的绘画能力。

课程名称：**专业制图与透视**

主讲教师：**冼宁**
女，副教授，硕士研究生导师，现任沈阳建筑大学设计艺术学院副院长。
重庆建筑大学建筑城规学院环境艺术专业研究生毕业。
刘敬东
男，副教授，沈阳建筑大学建筑学专业工程硕士。
杨淘
女，讲师，现任沈阳建筑大学设计艺术学院艺术设计教研室主任。
沈阳建筑大学建筑学专业工程硕士毕业。
迟家琦
女，助教，马赛高等建筑学院计算机设计建筑学专业硕士毕业。
杜心舒
女，助教，哈尔滨工业大学建筑学院设计艺术学硕士毕业。
张祖迪
女，助教，澳大利亚斯文本科技大学室内设计硕士毕业。

一、课程大纲

课程性质：必修课
适用专业：艺术设计
先修课程：平面构成，色彩构成
总学时：72
学分：4.5

1. 教学目的：
本课程是艺术设计专业的基础课，是艺术设计专业的学生必须掌握的一门重要技能课程。目的是训练学生绘制建筑设计及室内设计工程制图的技巧，熟练掌握和运用工程制图表现技法，完美地表现设计意图，为设计课打下扎实的表现基础。

2. 教学内容与要求
（1）透视理论：通过本章的学习，理解透视的基本理论。
透视原理
透视图与空间的关系
透视图与施工图的关系
（2）专业透视法：通过本章的学习，掌握透视图的专业技法。
一点透视　　二点透视　　三点透视

3. 学时分配

序号	讲课内容	学时
1	基本制图规范： ①笔　②纸　③辅助材料及设施	4
2	基本制图图例讲解	4
3	制图辅导/制图临摹	28
4	设计表现中常用的透视作图法 ①一点透视　　②二点透视室内外表现技法（手绘部分）	8
5	透视作图辅导	24
6	室内外表现技法第三部分（综合技法） ①手绘技法结合运用　　②特殊材质表现技法的运用室内外	4

4.课程实验内容及要求
（1）建筑图学规范
（2）建筑速写
5.本课程上机内容及要求：无
6.课程设计（或实习）内容及要求：
（1）绘制室内设计施工图不少于4张
（2）绘制室内设计透视（若干张）
（3）建筑速写（若干张）　　图纸要求为2号图纸
7.考核方式：考试。
学生成绩评定：100%由大作业成绩评定,对有争议的作业评定采取服从多数的意见方式；正反意见人数相同时，由教研主任/副主任终审。
8.建议教材与教学参考书：
（1）建议教材：手绘表现．李强．天津大学出版社，2003
（2）教学参考书：
室内设计表现技法．符宗荣著．　中国建筑工业出版社，2000
室内设计资料集．张绮曼，郑曙阳主编．中国建筑工业出版社，1996
室内环境设计初步．刘敬东编著．东北大学出版社，2003

二、课程阐述

专业制图与透视课程特色在于：
1.循序渐进的课程内容设置
专业制图与透视课程最大的特色在于循序渐进的课程内容设置。课程内容分为专业制图规范和专业透视两部分，四个课程作业，各课程内容紧密联系。
第一项训练为施工图临摹，由老师提供一套贵宾厅设计的完整施工图，学生进行临摹，目的在于训练学生掌握使用绘图工具仪器的正确方法；了解建筑制图国家标准和相关规范；能够阅读建筑装饰施工图，并运用正确方法来表达设计意图。
第二项训练由老师提供宾馆客房效果图，学生根据效果图绘制此空间施工图，此训练目的在于使学生了解施工图与实际设计之间的关系，并训练学生的空间想象能力。
第三项为一点透视训练，学生根据第二项训练所绘制施工图，绘制宾馆客房的一点透视图，此训练主要目的在于训练学生运用一点透视的技法，与前一训练相结合，更能让学生通过这个过程了解设计的基本步骤及思维过程。第四项为两点透视训练，根据第一项训练中学生临摹贵宾厅施工图绘制此贵宾厅的两点透视，目的除了在于让学生掌握两点透视技法，更是训练学生如何根据施工图绘制出效果图来准确地表现设计意图。
整个课程设置环环相扣，作为一门设计基础课程，与传统单纯临摹施工图和绘制一点、两点透视的教学方法相比，更利于学生理解和掌握。
2.合理的课时分配
整个课程分为两个大的阶段，专业各阶段均安排4学时理论课，并根据专业制图及专业透视两大组成部分的难易程度，对整个课程的课时进行合理分配。
3.与工程实例相结合
课程任务所选内容均为实际工程实例，使学生在课程训练中，更加贴近实际设计。
4.与专业知识相结合
课程训练过程中，渗透更多专业知识，如装饰结构、装饰材料、施工工艺、设计理论等，使学生在基础训练即开始掌握更多专业知识。
5.适当增加其他专业技能训练
在课程进行中，适当布置如制图符号、建筑速写、工程字等课后任务，训练学生更多专业技能，为专业课打下良好基础。

三、课程作业

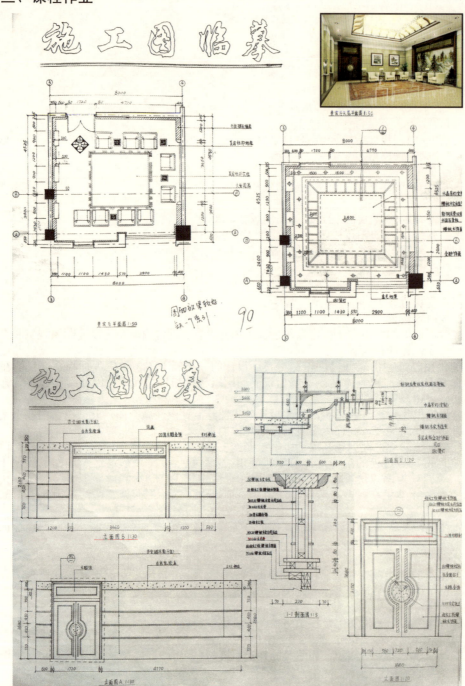

A、B作业一：
施工图临摹（由老师提供一套贵宾厅设计的完整施工图）

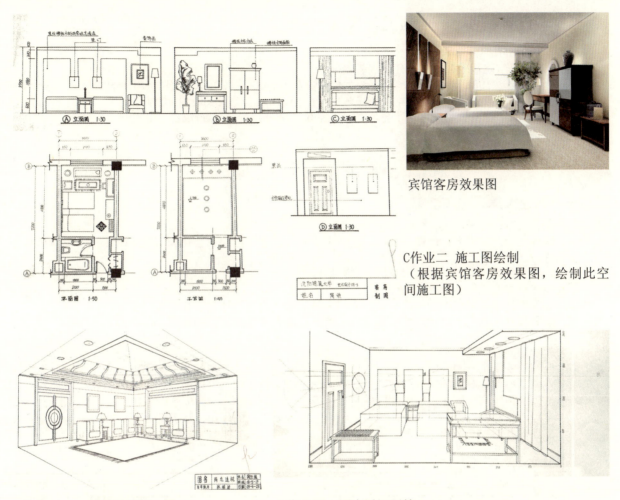

宾馆客房效果图

C作业二 施工图绘制
（根据宾馆客房效果图，绘制此空间施工图）

D作业三 一点透视训练
（根据作业二所绘制的施工图，绘制宾馆客房的一点透视图）

E作业四 两点透视训练
（根据第一项训练，学生临摹的贵宾厅施工图绘制此客房的两点透视图）

评语：
在72学时内，大部分同学都能够跟随整个制图及透视课的专业训练过程。本课程最大的特色在于循序渐进的课程内容设置，学生们根据已知图纸进行延伸性训练，学生对整门课有强烈兴趣，整体作业完成情况良好，图面整洁饱满，并能严格按照制图规范来进行绘制工作。大部分学生能够在整个专业训练的过程中掌握制图规范与要求，及绘制透视图的基本方法与步骤，并了解设计的基本步骤及思维过程。

课程名称：**设计初步2——制图与表现**
主讲教师：**王小红**
建筑学院基础教研室主任，副教授
1984～1988年 东南大学建筑学本科毕业，1993～1998年德国凯泽斯劳滕大学（University Kaiserslautern）建筑学硕士工程师（Dipl.Ing.-），1988～1992年 中国国际工程咨询公司，1997年德国贝尼斯建筑事务所（Behnisch & Behnisch Partner），自1999年12月工作于中央美术学院。

一、课程大纲

课程内容：（9周）
课程包括两大方面：制图与表现，是一年级专业基础课，课程强化训练学生画图和表现的基本功，并在训练中建立以下方面的意识：
1. 建筑师观察世界，速写记录他们的记忆。
2. 建筑师通过勾草图推敲设计。
3. 图纸是建筑师对外交流的工具，图解表现的意义决定设计是否被外人接受。
4. 手与脑达到统一，最终使思想成为图纸，给别人传递建筑师的意图。

教学目的：
课程训练学生手和脑的共同作用，最终手帮助脑完成设计想法的传递及实现。
首先掌握建筑制图的基本原理、技巧和方法，建立建筑图纸表现的意识，同时养成速写和勾画草图的习惯，以上内容与了解建筑的基本问题平行讲授。
希望通过严格的基本功训练，使学生熟练掌握制图工具的使用；培养细心、耐心、干净、美观的制图习惯；训练并培养基本的建筑审美能力。

课程安排：

周数	星期	课堂安排	练习及评分标准	画图工具及评分
第1周	周2	1. 大课—制图：基本方法、建筑图生成 2. 课堂布置作业及辅导	制图练习1—字体与线条（铅笔）A3绘图纸，10分	画图工具：铅笔2H、HB、2B针管绘图笔0.2, 0.35, 0.5，绘图三角板，一字尺或丁字尺，曲线板，圆规，比例尺，画图图板绘图纸A3复印纸，拷贝纸，橡皮，铅笔刀，钢笔墨水，木工胶带，双面刀片，刷子，钢笔或签字笔，速写本。
	周5	课堂辅导，布置速写作业	上午交作业 发题：徒手画练习1—直线、斜线、曲线	
第2周	周2	1. 大课—制图，建筑图画法 2. 课堂布置作业及辅导	上午交速写作业 制图练习2—建筑图平、立、剖铅笔抄图，A3绘图纸，10分	
	周5	课堂辅导，布置速写作业	上午交作业 发题：徒手画练习2—线的排列	
第3周	周2	1. 大课—楼梯测绘 2. 课堂布置作业	上午交速写作业 制图练习3—楼梯测绘，表现空间透视图，铅笔制图，A2绘图纸，10分	
	周5	1. 3小时制图测验 2. 布置速写作业	上午交作业 发题：徒手画练习3—人物1	

续表

周数	星期	课堂安排	练习及评分标准	画图工具及评分
第4周	周2	1. 大课—建筑手绘表现 2. 课堂布置作业	上午交速写作业 制图练习4—铅笔制图与表现，模型体块及空间轴测图，A3绘图	评分： 制图练习1—6各10分； （准确、画面干净漂亮为9分，表现技法出色者9.5分） 综合练习30分， （准确、画面干净漂亮，版面设计有一定想法，分析图、效果图表现充分，为27分，出色者29分。 平常上课表现考勤10分。
	周5	课堂辅导，布置速写作业	上午交作业 发题：徒手画练习4—人物2	
第5周	周2	1. 大课—体量与空间，阴影与空间表现 2. 课堂布置作业	上午交速写作业 制图练习5—铅笔制图与表现 阴影表现平面、剖面空间，A3绘图纸	
	周5	课堂辅导，布置速写作业	上午交作业 发题：徒手画练习5—植物1	
第6周	周2	1. 大课—场所（授课：王小红） 2. 课堂布置作业	上午交速写作业 制图练习6—总平面图，建筑、植物与场地，墨线，A2绘图纸	
	周5	1. 1小时课堂练习 2. 课堂布置作业	上午交作业 发题：徒手画练习6—植物2	
第7周	周2	1. 大课—综合表现1 2. 课堂布置作业	上午交速写作业 综合练习：A1图纸，1个建筑作品统一排版表现，资料收集。	
	周5	综合练习，课堂辅导	平、立、剖解读，小样墨线制图练习	
第8周	周2	大课—综合表现2	总图、轴测图或透视图小样	
	周5	综合练习，课堂辅导	版式设计，开始画正稿	
第9周	周2	综合练习，课堂辅导	开始画正稿	
	周5		上午交作业	

二、课程阐述

教学方法的创新和特色：

制图与表现作为基础课程需从未来专业学习视野来认识，不仅是使学生会画图和表现，而是要达到一定的审美能力和认识到建筑专业所涉及的一些基本概念、空间、场所。

从最基本的线条练习开始，通过一系列制图、表现和综合练习，进行全方位的画图训练。同时从思维训练着手，使学生的思维从感性转化到理性与感性结合，区别于以往的素描式思维和工科学生的机械式思维。

讲授、临摹、示范及批改相结合，批改每个练习成为控制学习的关键，每个练习的错误会被辅导教师及时指出，反复出现的制图错误在大课将再次提出，最终使学生建立制图准确和漂亮表现的意识。

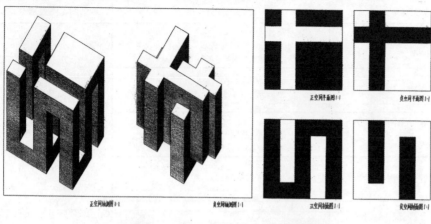

正负空间轴测图

轴测图适用于空间延伸的平面、立面、单一视图中的断面以及阐述三维图案和空间的组合。可以切掉平行线图纸的一部分或是将它变成透明的来观察里面的东西，或者可以将它扩展来阐述总体各部分间的空间关联。

选取设计初步1的10×10小模型，绘制以下图：

1. 建筑形体轴测图，负空间轴测图，30度/60度，高与长、宽比：1:1:0.8。
2. 横向、竖向剖断的平面图、剖面图，表示正负空间各一张；
3. 4幅空间手绘小透视图。

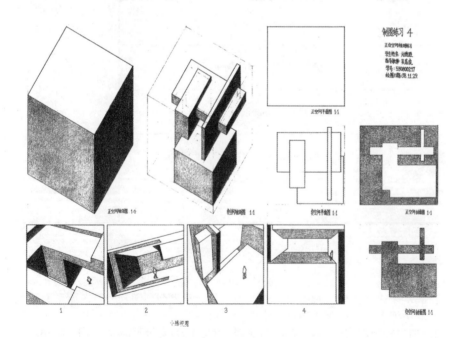

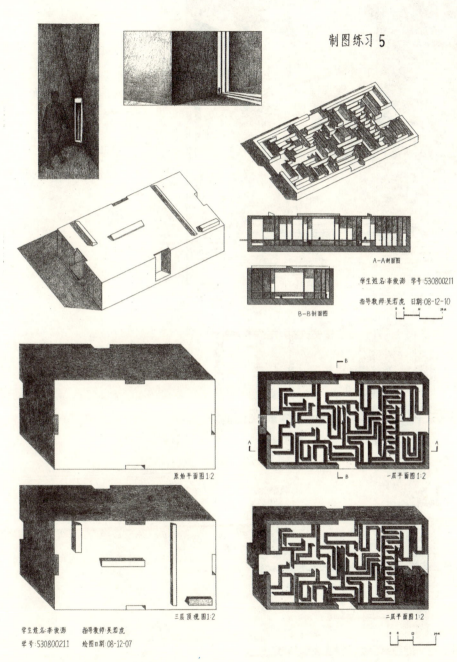

空间＋阴影

"埏埴以为器，当其无，有器之用；凿户牖以为室，当其无，有室之用。故有之为利，无之为用。"
——老子

"我们的视野穿越空间，给了我们一份鲜明而遥远的幻觉。这就是我们如何建立空间：结合着更高的和更低的，左和右，前与后，近处和远处。"
——Georges Perec

选取设计初步1的矩阵模型，在体量之间加入2～3层水平楼板，进行竖向空间设计，并绘制以下图：

1. 各层平面加阴影。
2. 2个方向剖面图加阴影（加人）。
3. 2幅以上空间轴测图，2幅手绘小透视。

建筑测绘

测绘美院传达室，了解实际建筑空间的尺度，进而墨线制图，完成整套建筑图纸。

1. 总平面图 1:300
2. 平面图、2个立面图、2个剖面图，比例1:50（配家具，带环境配景，需标注尺寸，请使用比例尺）。
3. A3图幅大小的透视效果图。

效果图

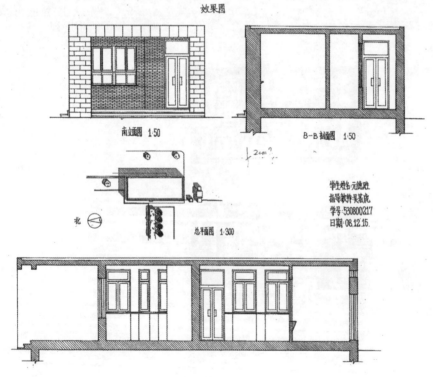

南立面图 1:50　　B-B剖面图 1:50

总平面图 1:300

学生姓名:元德姓
指导教师:吴若虎
学号:530800217
日期:08.12.15.

A-A剖面图 1:50

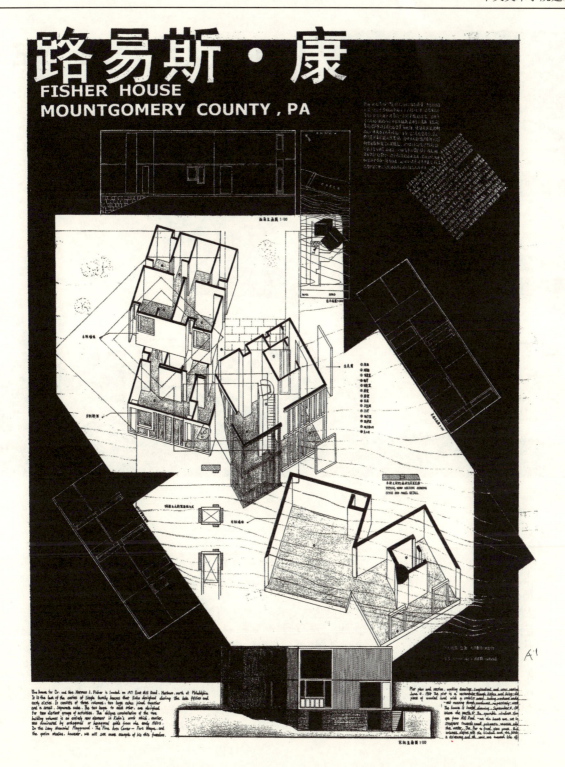

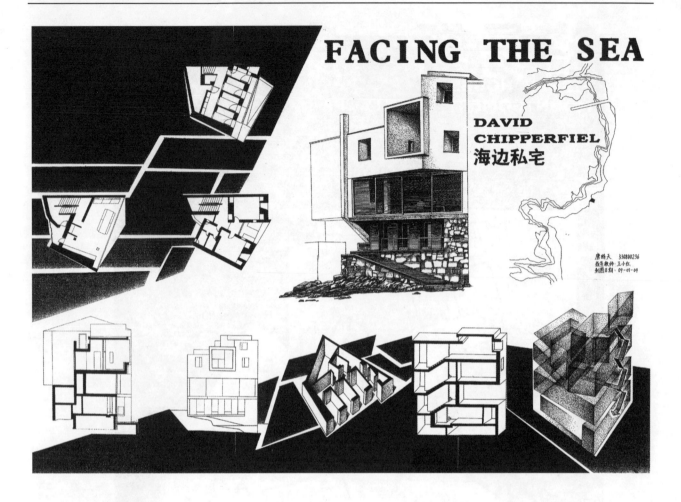

综合练习

训练目的：

本练习作为课程对于图纸问题的训练的总结，又作为运用图纸进行研究、思考和设计的开始。

1. 作为总结——绘图/技能：在学生已经具有基本的绘图技能前提下，本练习训练学生如何综合使用各种绘图技能。

2. 作为过程——思考/选择：希望学生在绘制和综合表达的过程中进行主动的思考，思考选择什么样的表达方式（使用轴测图，比如展开轴测、分层轴测、底轴测、剖面轴测、分析轴测等）、表达材料（比如纸、笔、颜色/黑白、线图/材质、绘画/拼贴等）和表达内容，用一种积极的方式进行建筑对象的思考表达。

3. 作为开始——研究/设计：认识图纸作为设计工具的功能性。这一认识不同于对建筑物的完全客观描述，也不同于对建筑物的艺术性渲染表达，而是通过对建筑图纸的操作，阅读建筑对象的某一关系或者思考。从尝试发现图纸作为建筑研究和设计的具体操作工具。

选取一个大师作品，进而解读和研究，最终完成图纸。选取一个大师作品，进而解读和研究，最终完成图纸。